LEARNING BY DOING

Band 3

Basiswissen für Modellhelipiloten

FLUGTRAINING

vom Looping bis zum Piroflip

Tobias Wilhelm

ROTOR
EDITION

ISBN 978-3-923142-88-0
Artikel-Nr. 463612, EUR 19,90
1. Auflage 2015 © by Modellsport Verlag GmbH
Postfach 2109, 76491 Baden-Baden,
modellsport@modellsport.de, www.modellsport.de
Herausgeber: Redaktion der Fachzeitschrift ROTOR, www.rotor-magazin.com

Inhaltsverzeichnis

1 | Vorwort

Liebe Leserin, lieber Leser!

In den letzten beiden Ausgaben unserer Learning by doing-Reihe haben Sie gelernt, wie man seinen Heli korrekt aufbaut, ihn wartet und die ersten fliegerischen Schritte sowie einfachere Flugfiguren auf die Beine stellen kann. Im dritten und letzten Teil zeigen wir Ihnen nun, wie man seinen Heli in wirklich jeder Fluglage perfekt beherrscht und sich Schritt für Schritt zum versierten und sicheren 3D-Piloten vorarbeiten kann. Das Thema Sicherheit steht dabei wie immer ganz klar im Vordergrund. Nur wenn Sie mit Ihrem Heli sicher unterwegs sind und Ihre fliegerischen Fähigkeiten immer korrekt einschätzen können, wird es Ihnen gelingen, spektakuläre Showflüge abzuliefern. Selbst ein nicht-fachkundiges Publikum spürt nämlich sofort, wenn ein Pilot seine Grenzen überschreitet und wird dies auch dementsprechend honorieren. Daher mein Rat: Fliegen Sie vor allem bei Veranstaltungen immer eher etwas unterhalb Ihrer Leistungsgrenze und versuchen Sie stattdessen, durch eine saubere und ruhige Ausführung der Figuren zu glänzen. So wird auch gewährleistet, dass Sie lange und vor allem sicher Spaß an unserem schönen Hobby haben. In diesem Sinne wünsche ich Ihnen immer eine Hand breit Luft unterm Rotor und weiterhin viel Freude beim Trainieren neuer und alter Figuren.

Ihr Tobias Wilhelm

2 | Der Looping

Ab jetzt wird es so richtig ernst! Wir widmen uns dem Kunstflug. Auf Ihrem Weg zum sicheren Helipiloten begegnen Ihnen einige einfache Kunstflugfiguren, die jeder Pilot zu seinem festen Repertoire zählen sollte. Sie werden irgendwann feststellen, dass sich fast alle Kunstflugfiguren - auch solche aus dem 3D-Bereich - aus verschiedenen Standardfiguren zusammensetzen. Beherrschen Sie die Standardfiguren, können Sie sich wie bei einem Baukastensystem neue Kombinationen heraussuchen, zusammensetzen und immer neue Manöver an den Himmel zaubern. Natürlich läuft auch das wieder darauf hinaus, den Hubschrauber in jeder erdenklichen Lage perfekt zu beherrschen. Wenn Sie diesen Weg konsequent weitergehen wollen, befinden Sie sich in absehbarer Zeit wieder am Anfang des Lernprozesses - zumindest wird es Ihnen zunächst so vorkommen. Dies wird nämlich genau dann der Fall sein, wenn Sie das Rückenfliegen erlernen möchten. Dabei stehen die schon bekannten Schwebeübungen wieder am Anfang. Es gibt jedoch auch viele eindrucksvolle Figuren, die sich fliegen lassen, ohne den Heli im Rückenflug perfekt zu beherrschen. Zumeist sind das Fahrtfiguren, bei denen der Heli nur sehr kurze Zeit im Rückenflug unterwegs ist und daher nicht großartig ausgesteuert werden muss. Natürlich immer vorausgesetzt, dass Ihr Anflug stimmt. Über kurz oder lang werden Sie also nicht drum herum kommen, auch den Rückenflug zu beherrschen. Doch beginnen wir zunächst einmal mit den einfachen Fahrtfiguren.

Vorübungen

Mit dem Beginn Ihres Rundflugtrainings werden Sie mit Sicherheit Bekanntschaft mit einer besonderen Spezies im Modellflug machen: dem neugierigen Zuschauer. Dieser wird Sie während ihrer Übungen mit den gängigsten Fragen eines Laien löchern. Das klingt dann in etwa so: Wie hoch fliegt der? Wie schnell fliegt der? Wie teuer ist der? Fliegt der mit Batterie? Doch die absolut wichtigste Frage lautet natürlich: Kann der auch 'nen Looping? Dieser Frage folgt dann meistens noch die Aufforderung, doch bitte mal einen Looping zu fliegen. Machen wir uns also daran zu lernen, wie man die Neugier des Zuschauers stillen und ihm einen prächtigen Looping liefern kann. Bevor Sie Ihren Heli aber mit voller Fahrt durch einen riesigen Looping scheuchen, sollten Sie wieder ein paar kleine Aufwärmübungen einlegen. Das wichtigste in Sachen Looping ist die Vorwärtsfahrt. Mit ausreichend Fahrt fliegt Ihr Modell fast wie von allein durch die Figur. In der letzten Folge haben Sie ja bereits gelernt, wie man schöne hohe Turns fliegt. Genau da sollten Sie ansetzen. Beim Turn durchfliegen Sie ja schon das erste Viertel eines Loopings. Zum Aufwärmen sollten Sie also zunächst ein paar einfache, möglichst hohe Turns fliegen. Daraus können Sie im nächsten Schritt eine Art

Halbkreis, also die untere Hälfte des Loopings basteln. Ziehen Sie ihren Heli einfach direkt nach dem Abflug aus dem ersten wieder zum nächsten Turn hoch, ohne dabei zwischendrin eine gerade Strecke zu fliegen.

Dabei werden Sie relativ schnell feststellen, dass es gar nicht so einfach ist, die Höhe der beiden Turns gleich zu halten. Ohne die kurze Gerade dazwischen wird Ihr Heli beim Hochziehen nämlich relativ schnell an Fahrt verlieren. Um dem entgegen zu wirken, ist Ihr Pitchmanagement von entscheidender Bedeutung. Damit steht und fällt ihr gesamter Looping; es entscheidet sowohl über die Größe, als auch über die Form des Loops. Wenn Sie das Spiel mit dem Pitch erst einmal perfekt beherrschen werden Sie sogar in der Lage sein, einen großen Looping aus dem Stand heraus zu fliegen. Doch zu dieser Methode kommen wir später. Die sicherste Methode, den Looping zu erlernen, stellt der bereits beschriebene Anflug aus dem Turn dar. So wird sichergestellt, dass Sie genügend Schwung mitnehmen und ihr Looping nicht sofort zu einem »Ei« mutiert. Ihr Anflug ist aber mindestens genauso wichtig. Grundsätzlich ist es möglich, einen Looping in jeder beliebigen Position zum Piloten zu fliegen. Der natürliche Reflex von Kunstflug-Einsteigern ist zumeist der, den Loop von sich weg zu fliegen. So kann man zwar wunderbar kontrollieren, ob der Heli über Roll ausbricht, sieht aber nicht, ob man da gerade einen schönen runden Loop oder aber ein »Ei« fabriziert. Außerdem besteht dabei die Gefahr, dass Sie zu lang auf dem Rücken auf sich zufliegen, der Heli dabei an Höhe verliert, so dass Sie in Panik geraten könnten. So etwas resultiert in den meisten Fällen in einem verzweifelten Versuch, das Modell mit einem großen positiven Pitch- und Nickinput wieder in die Normallage zu bringen. Meistens hat es dabei aber schon so viel an Höhe verloren und Geschwindigkeit aufgebaut, dass der Abfangbogen geschätzte fünf Meter unter Grasnabe endet und Sie sich nach dem Ausgraben eine neue Maschine aufbauen müssen.

“Die sicherste Methode, den Looping zu erlernen, stellt der bereits beschriebene Anflug aus dem Turn dar.

Um das zu vermeiden, beginnen Sie also am besten mit dem Anflug aus dem Turn. Achten Sie dabei besonders darauf, ob Ihr Heli beim Hochziehen bzw. Abfangen dazu neigt, ein wenig über Roll zu verziehen. Bei Flybarless-Helis stellt das in der Regel keine großen Probleme dar, da das System den Heli in jeder Fluglage stabil halten sollte. Bei Paddelköpfen kann es allerdings unter Umständen nötig sein, diesem Effekt mit einem kleinen Rollinput entgegen zu wirken. Das oberste Ziel muss dabei lauten, das Modell an jedem Punkt des Turns auf gleichem Abstand zum Piloten zu halten. Verzieht Ihr Heli beispielsweise auf Roll und Sie steuern es nicht aus, wird er sich Ihnen auf der einen Seite des Turns nähern, während er sich auf der anderen Seite des Turns weiter von Ihnen entfernt. Die Achse würde sich, sofern man konsequent weiterfliegen würde, also immer um ein paar Grad verändern, so dass der Heli letztendlich eine 360-Grad-Drehung während der permanent weitergeflogenen Turns beschreiben würde. Üben Sie die Anflüge aus dem Turn auf jeden Fall so lang, bis Sie das Gefühl haben, dass ihr Heli immer im gleichen Abstand zu Ihnen fliegt bzw. bis Sie problemlos in der Lage sind, kleine Abweichungen von der geplanten Flugbahn auszusteuern. Sollten Sie Schwierigkeiten mit der Fluglageerkennung haben, können Sie sich wieder einen Helfer zur Seite stellen, der aus einem sicheren Abstand den seitlichen Versatz beim Fliegen der Turns beobachten und an Sie zurückmelden kann. Einen weiteren Faktor, den Sie nicht außer Acht lassen dürfen, stellt der Wind dar. Je nachdem, aus welcher Richtung der Wind kommt, müssen Sie entweder auf Roll korrigieren oder aber Ihr Pitchmanagement anpassen. Fliegen Sie beispielsweise auf einer Seite des Turns beim Hochziehen gegen den Wind, so werden Sie weniger Pitch benötigen, um den Heli auf die gewünschte Ausgangshöhe zu bringen. Der Wind hilft Ihnen sozusagen beim Hochziehen. Im Gegenzug wird natürlich beim Hochziehen mit dem Wind ein größe-

Looping aus dem Turn

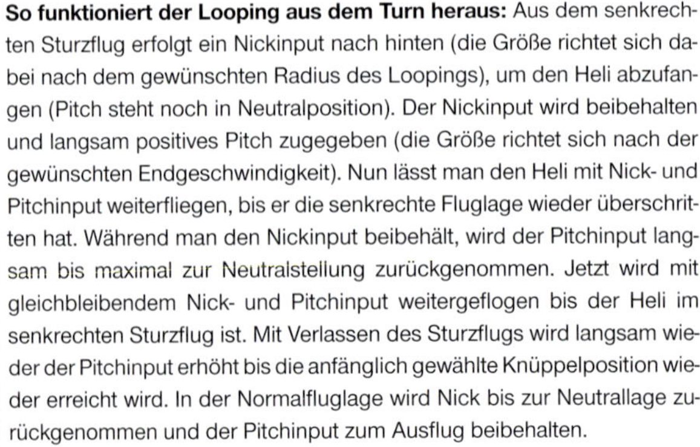

So funktioniert der Looping aus dem Turn heraus: Aus dem senkrechten Sturzflug erfolgt ein Nickinput nach hinten (die Größe richtet sich dabei nach dem gewünschten Radius des Loopings), um den Heli abzufangen (Pitch steht noch in Neutralposition). Der Nickinput wird beibehalten und langsam positives Pitch zugegeben (die Größe richtet sich nach der gewünschten Endgeschwindigkeit). Nun lässt man den Heli mit Nick- und Pitchinput weiterfliegen, bis er die senkrechte Fluglage wieder überschritten hat. Während man den Nickinput beibehält, wird der Pitchinput langsam bis maximal zur Neutralstellung zurückgenommen. Jetzt wird mit gleichbleibendem Nick- und Pitchinput weitergeflogen bis der Heli im senkrechten Sturzflug ist. Mit Verlassen des Sturzflugs wird langsam wieder der Pitchinput erhöht bis die anfänglich gewählte Knüppelposition wieder erreicht wird. In der Normalfluglage wird Nick bis zur Neutrallage zurückgenommen und der Pitchinput zum Ausflug beibehalten.

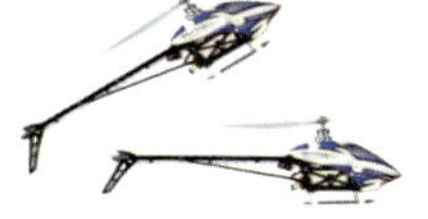

rer Pitchinput und mehr Schwung benötigt. Kommt der Wind von der Seite müssen Sie natürlich immer in die gleiche Richtung über Roll aussteuern.

Der Looping

Sobald Sie sich mit dem doppelten Turn einigermaßen wohlfühlen und in der Lage sind, reproduzierbar auf beiden Seiten des Turns die gleiche Ausgangshöhe zu erreichen, wird es Zeit, den ersten vollständigen Looping zu durchfliegen. Die erste Hälfte beherrschen Sie ja mittlerweile perfekt. Es folgt nun also der etwas schwierigere Teil während dem der Heli ein Stück auf dem Rücken fliegt. In dieser Phase gilt es vor allem zwei häufig begangene Fehler zu vermeiden. Falsches Aussteuern auf Roll und Geschwindigkeitsverlust

Looping aus dem Stand

Eine weitere gute Übung für Nick- und Pitchmanagement ist der Looping aus dem Stand. Dabei wird der Heli zunächst aus dem Stand nach vorn geneigt und beschleunigt, während er gleichzeitig an Höhe gewinnt (über Pitch eingesteuert). Die Nase wird nun während der Steigphase langsam in den Looping hineingezogen und sollte am oberen Scheitelpunkt wieder entsprechend einem Fahrtlooping in Flugrichtung liegen. Der nun evtl. folgende zweite Loop wird wieder nach dem Muster »Looping aus dem Turn« geflogen.

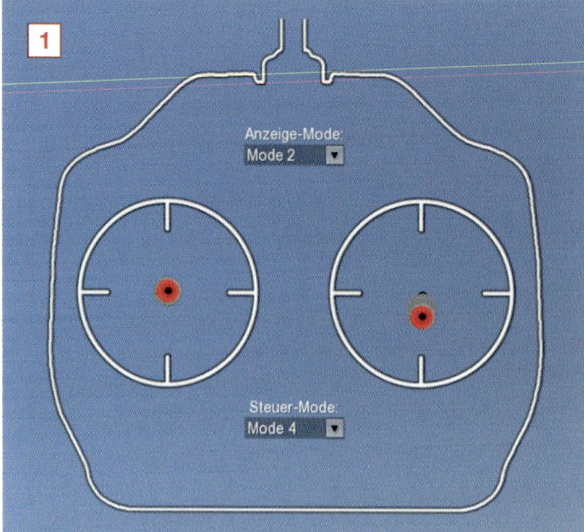

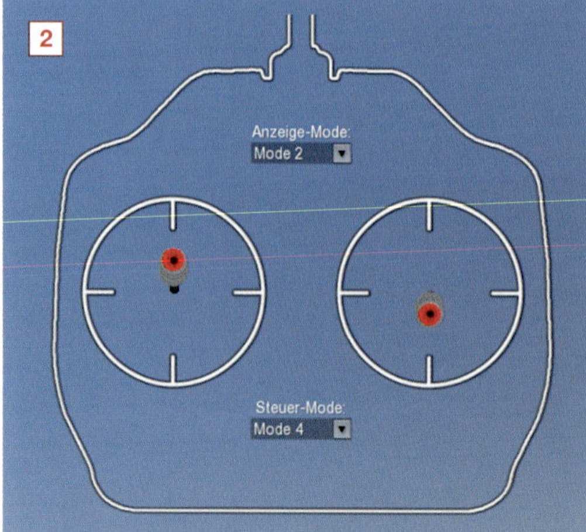

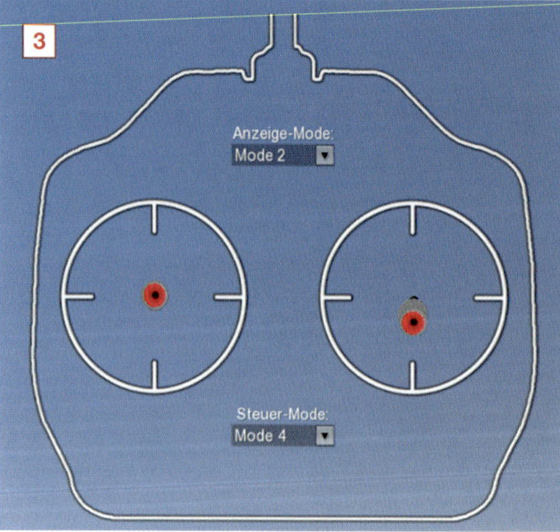

durch falsches Pitchmanagement. Der Fehler in Bezug auf das Aussteuern kann durch einfaches Umdenken verhindert werden. Machen Sie sich einfach klar, dass Sie Roll entgegengesetzt aussteuern müssen, sobald Ihr Heli auf dem Rück fliegt. Man muss sich dabei allerdings verdeutlichen, dass das daran liegt, dass der Heli nicht nur auf dem Rücken fliegt, sondern auch noch in die entgegengesetzte Richtung. Beim einfachen Rückenflug bleibt die Steuerrichtung auf Roll natürlich immer die Gleiche. Im praktischen Beispiel sieht das in etwa wie folgt aus: Nehmen wir an, Sie kommen von links aus dem ersten Turn und ziehen auf der rechten Seite wieder hoch, um den Heli in den Looping zu steuern. Der Wind kommt dabei aus Ihrem Rücken, weshalb Sie auf Roll ganz leicht rechts vorhalten müssen, um zu verhindern, dass Ihr Heli sich während des Hochziehens von Ihnen entfernt. Sobald Sie ihn nun aus der Senkrechten weiter auf den Rücken ziehen müssen Sie nun ganz leicht links vorhalten. Während der Heli sich aus dem Rückenflug weiter in Richtung senkrechter Sturzflug bewegt, wird es Zeit den Rollinput nach links zurückzunehmen und in einer flüssigen Bewegung in einen leichten Rollinput nach rechts übergehen zu lassen. Im Endeffekt geht es hier also wieder um das richtige Timing.

Ähnlich verhält es sich mit dem richtigen Timing für die Pitcheingaben in der oberen Hälfte des Loopings. Der häufigste Fehler besteht in einem zu starken und zu hektischen Zurücknehmen des Pitchs. Der Heli wird dadurch stark ausgebremst und hält eventuell sogar komplett an. Sollte Ihnen das einmal passieren, gilt wie immer beim Training: Ruhig bleiben und eine »Exit-Strategie« parat haben. In jedem Fall sollten Sie das Pitch in Mittelstellung bringen, um sich mehr Zeit zu verschaffen. Danach können Sie den Heli mit einem beherzten Roll- oder Nickinput wieder in die Normalfluglage drehen. Kunstflug-Einsteiger gehen in der Regel davon aus, dass man im oberen Teil des Loopings den positiven Pitchinput in einen negativen Pitchinput verwandeln muss, um den Heli nicht mit Volldampf in Richtung Boden zu beschleunigen. Dies ist jedoch nur bedingt richtig und hängt von der Geschwindigkeit und dem Radius mit dem Sie Ihren Looping fliegen möchten ab. Im Normalfall müssen Sie ihren Pitchknüppel während der oberen Hälfte des Loopings gar nicht in den negativen Bereich bewegen. Ein leichtes Zurücknehmen bis maximal zur Neutralstellung reicht völlig aus und dient dazu, die Geschwindigkeit während des Loops möglichst konstant zu halten. Mit der Zeit werden Sie feststellen, dass Sie sogar Loopings mit durchgehend starkem, positivem Pitchinput fliegen können.

Der Steuerablauf für einen Looping mit Anflug aus einem Turn sieht also wie folgt aus:

→ Nickinput nach hinten (die Größe richtet sich dabei nach dem gewünschten Radius des Loopings), um den Heli aus dem Turn abzufangen (Pitch steht während des senkrechten Sturzflugs noch in Neutralposition).

→ Nickinput beibehalten und langsam positives Pitch geben (die Größe richtet sich nach der gewünschten Endgeschwindigkeit).

→ Den Heli mit Nick- und Pitchinput weiterfliegen lassen, bis er die senkrechte Fluglage wieder überschritten hat.

→ Mit verlassen der senkrechten Fluglage den Nickinput beibehalten und den Pitchinput langsam bis maximal zur Neutralstellung zurücknehmen.

→ Den Heli mit gleichbleibendem Nick- und Pitchinput weiterfliegen und in den senkrechten Sturzflug übergehen lassen.

→ Mit Verlassen des senkrechten Sturzflugs langsam wieder den Pitchinput erhöhen bis der anfänglich gewählte Input wieder erreicht wird.

→ Mit dem Erreichen der Normalfluglage den Nickinput bis zur Neutrallage zurücknehmen und den Pitchinput beibehalten.

Nach ein wenig Training werden sie erkennen, wie das Zu-

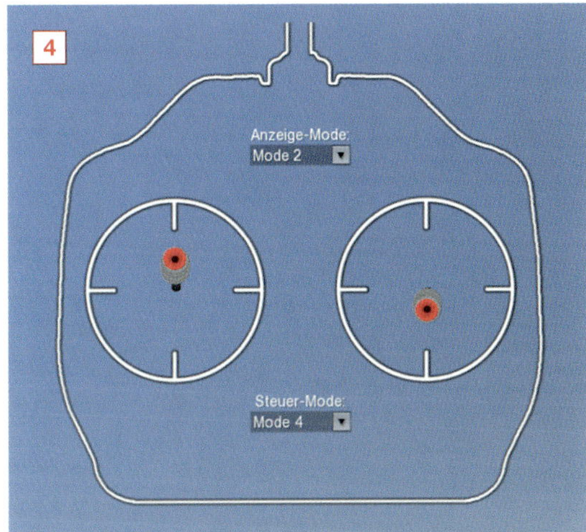

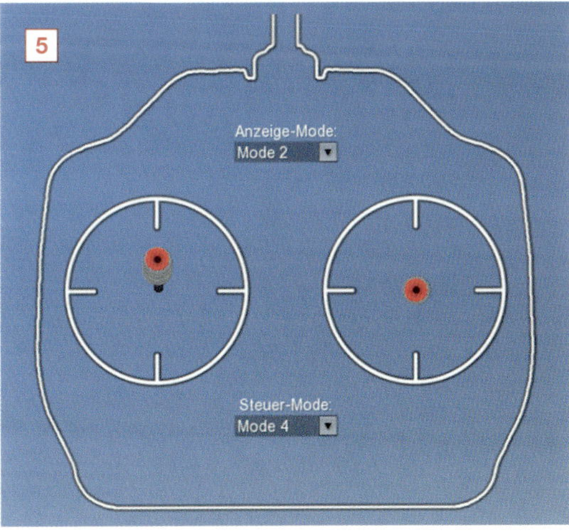

Steuerablauf beim Looping

Und so sieht der Steuerablauf des Loopings aus dem Turn aus: Aus dem senkrechten Sturzflug erfolgt ein Nickinput nach hinten [1] (die Größe richtet sich dabei nach dem gewünschten Radius des Loopings), um den Heli abzufangen (Pitch steht noch in Neutralposition). Der Nickinput wird beibehalten und langsam positives Pitch zugegeben [2] (die Größe richtet sich nach der gewünschten Endgeschwindigkeit). Nun lässt man den Heli mit Nick- und Pitchinput weiterfliegen bis er die senkrechte Fluglage wieder überschritten hat. Während man den Nickinput beibehält, wird der Pitchinput langsam bis maximal zur Neutralstellung zurückgenommen [3]. Jetzt wird mit gleichbleibendem Nick- und Pitchinput weitergeflogen bis der Heli im senkrechten Sturzflug ist. Mit Verlassen des Sturzflugs wird langsam wieder der Pitchinput erhöht [4] bis die anfänglich gewählte Knüppelposition wieder erreicht wird. In der Normalfluglage wird Nick bis zur Neutrallage zurückgenommen und der Pitchinput zum Ausflug beibehalten [5].

sammenspiel zwischen Pitch und Nick den Radius und die Geschwindigkeit des Loopings beeinflussen. In jedem Fall ist Geschwindigkeit Ihr Freund. Bei höheren Geschwindigkeiten neigt der Heli weniger zum Ausbrechen und bleibt sauber auf der von Ihnen vorgesehenen Flugbahn. Klappt der Anflug aus dem Turn, sollten Sie einen Anflug aus der Normalfluglage in Angriff nehmen. Dieser funktioniert nach dem gleichen Prinzip. Sie müssen lediglich darauf achten auf der Geraden genügend Geschwindigkeit aufzubauen. Haben Sie die gewünschte Geschwindigkeit erreicht, können Sie den Heli hochziehen und weiter wie beim Anflug aus dem Turn verfahren.

Looping aus dem Stand

Eine weitere sinnvolle Übung, um das Zusammenspiel von Nick und Pitch in den Griff zu bekommen, stellt der Looping aus dem Stand dar. Dabei schwebt der Heli auf der Stelle und beschreibt dann einen Looping. Bei dieser Variante des Loops ist vor allem das erste Viertel entscheidend, da hier die gesamte Geschwindigkeit aufgebaut werden muss. Etwas gewöhnungsbedürftig ist dabei die Tatsache, dass, um einen gleichförmigen Looping zu erhalten, die Nase des Helis während der ersten Hälfte leicht nach unten zeigen muss, der Heli also während dieser Phase ein wenig aus dem Loop »heraushängt« bzw. die Nase ein wenig nachzieht. Dieser Effekt dient der Geschwindigkeitsaufnahme und ist völlig normal. Ab der Hälfte der Figur kann der Heli wieder wie gewohnt gesteuert werden. Mit der Zeit werden Sie den Ablauf verinnerlicht haben und in der Lage sein, beliebig viele Loops sauber hintereinander zu reihen. In diesem Sinne wünsche ich Ihnen viel Spass beim Üben! Bekommen Sie keinen Drehwurm und machen Sie nichts kaputt.

■

3 | Die Rolle

Ich hoffe, Sie hatten viel Spaß beim Training Ihrer ersten Kunstflugfigur, dem Looping. Er stellt eine der grundlegenden Figuren sowohl für Hubschrauber als auch für Flächenflugzeuge dar und kann auf verschiedenste Arten abgewandelt und geflogen werden.

Als mindestens genauso elementar für den Kunstflug kann auch die Figur bezeichnet werden, um die es in dieser Folge gehen soll: die Rolle. Beherrschen Sie erst einmal Looping und Rolle aus dem Effeff, sind Sie in der Lage, eine Fülle von neuen Figuren aus den verschiedenartigsten Kombinationen dieser beiden Figuren zu basteln.

Ähnlich wie beim Looping, fliegt Ihr Hubschrauber bei der Rolle eine kurze Zeit im Rückenflug. Je nach Art der Rolle ist es jedoch nicht zwingend notwendig, ein »Rückenflugprofi« zu sein, um die Figur einigermaßen sauber fliegen zu können. Zu Beginn des Trainings werden Sie vermutlich heilfroh sein, wenn Ihr Heli wieder in der Normallage angekommen ist. Mit der Zeit gewöhnt man sich aber an das Flugverhalten des Helis während einer Rolle, und der Puls beruhigt sich wieder einigermaßen.

Während es beim Looping von Vorteil sein kann, mit relativ kleinen zyklischen Ausschlägen zu fliegen, sollten Sie bei einer Rolle darauf achten, nicht zu langsam zu rollen; es klingt banal, aber: Je schneller Ihr Heli rollt, desto schneller ist die Figur auch wieder vorbei. Im Prinzip trickst man sich durch schnelleres Durchfliegen der Rolle zwar ein wenig aus; das ist jedoch nicht sonderlich schlimm, da die Grundzüge der Figur auch so erlernt werden. Für ein sehr exaktes, langsames Durchfliegen werden nämlich wieder Rückenflugkenntnisse erforderlich. Sie können diese also, sobald Sie sie erworben haben, in das Training des Rollenfliegens einfließen lassen.

Das saubere Gelingen einer Rolle wird von verschiedenen Faktoren beeinflusst, über die wir uns vor den ersten Übungen ein paar Gedanken machen

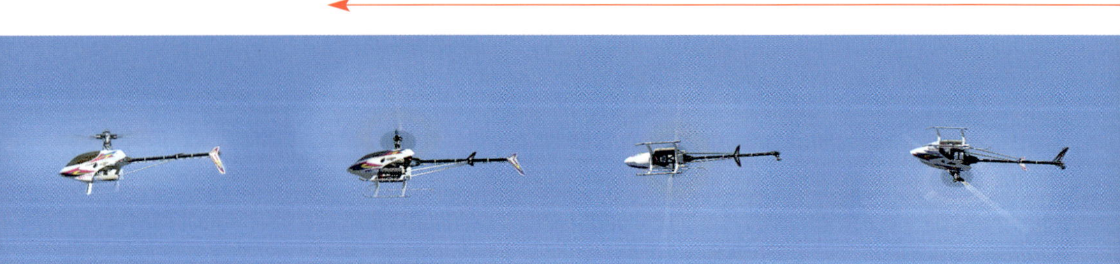

sollten. Die benötigten Inputs hängen bei der Rolle maßgeblich von Anflughöhe, Geschwindigkeit und Windrichtung ab. Außerdem gibt es auch einige mechanische Faktoren, die eine Rolle spielen. Beginnen wir zunächst einmal mit den rein mechanischen Faktoren.

Grundsätzlich gilt, dass Sie beim Durchfliegen einer Rolle feststellen werden, ob der Schwerpunkt ihres Hubschraubers korrekt eingestellt ist oder nicht. Ähnlich wie bei einem Flächenflugzeug, kann der Schwerpunkt beim Hubschrauber durch Verschieben bzw. unterschiedliche Positionierung des Antriebsakkus eingestellt werden. Im Idealfall ist er so eingestellt, dass er genau unter der Rotorwelle liegt. Überprüfen können Sie den Schwerpunkt Ihres Helis, indem Sie die Blatthalter genau 90 Grad zur Flugrichtung ausrichten. Danach müssen Sie Ihren Heli so unter den Blatthaltern aufbocken, dass er sich frei hängend auspendeln kann. Im Notfall reicht es auch mal aus, mit beiden Zeigefingern unter die Blatthalter zu greifen und den Heli so anzuheben. Nun können Sie den Schwerpunkt durch Verschieben des Antriebsakkus einstellen.

Um ein möglichst stabiles Flugverhalten während der Kunstflugfiguren zu erhalten, sollte der Schwerpunkt direkt unter der Rotorwelle oder ein wenig davor liegen. Pendelt der Heli sich ein wenig mit der Nase nach unten hängend aus, so haben Sie eine leicht kopflastige Einstellung gewählt. Damit sollte der Heli sauber durch alle Figuren gehen. Pendelt er sich hingegen mit dem Heck nach unten hängend aus, ist der Schwerpunkt entsprechend schwanzlastig eingestellt, und es besteht die Gefahr, dass der Heli bei schnelleren Figuren ein gewisses Eigenleben entwickelt und sich eventuell sogar aufbäumt.

Nachdem der Schwerpunkt nun also passt, sollten Sie den sauberen Lauf der Taumelscheibe überprüfen. Stellen Sie Ihren Heli auf Augenhöhe und schauen Sie von der Seite auf die Taumelscheibe. Bei Roll-Inputs nach links oder rechts darf sich die Taumelscheibe nicht heben oder senken. Ist dies nämlich der Fall, wird bei Roll-Inputs automatisch Nick eingesteuert, und es entsteht eine eher fassförmige Rolle.

Falls die mechanische Einstellung der Taumelscheibe korrekt ist, jedoch trotzdem kleinere Nick-Inputs eingesteuert werden, kann dies an unterschiedlichen Laufgeschwindigkeiten der Servos liegen. Um diesem Effekt

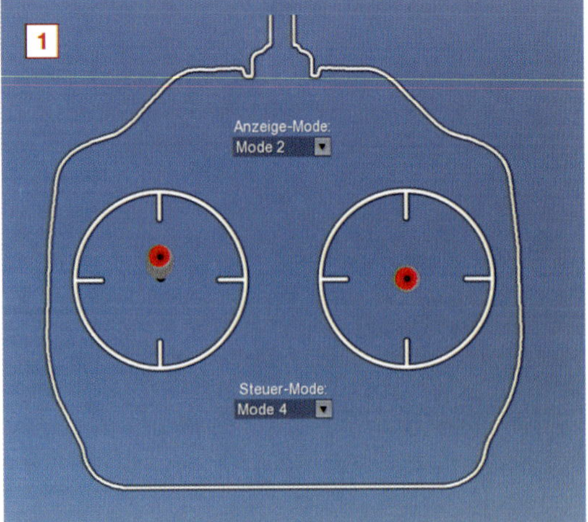

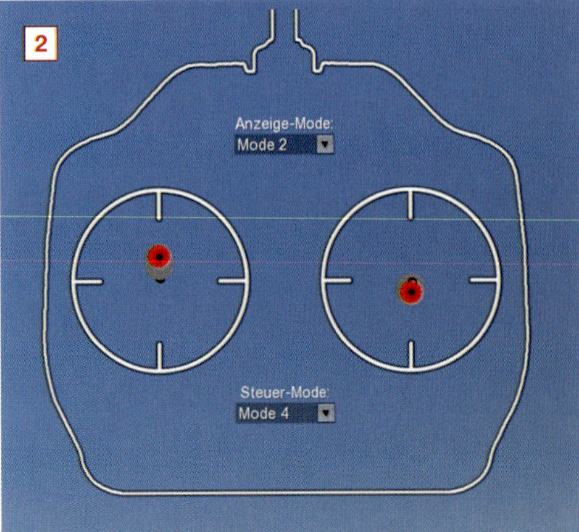

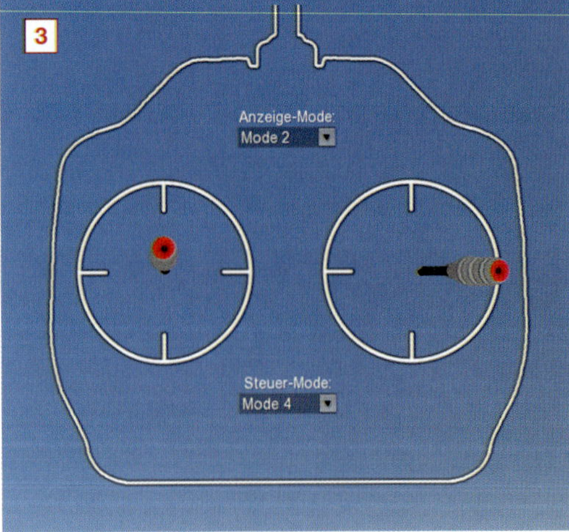

entgegenzuwirken, können verschiedene Mischer im Sender aktiviert werden – immer vorausgesetzt natürlich, dass Ihre Fernsteuerung diese Mischer besitzt. Bei manchen Flybarless-Systemen kann ein sauberer Lauf der Taumelscheibe auch direkt im System eingestellt werden. In der Regel sollte aber eine saubere mechanische Grundeinstellung ausreichend sein.

Da Ihr Heli nun mechanisch perfekt vorbereitet ist, wird es Zeit, sich der ersten Rolle zu widmen. Vor dem Abheben sollten Sie zunächst die Windrichtung prüfen. Sofern Ihr Fluggelände das erlaubt, macht es Sinn, die ersten Rollen immer mit dem Wind zu fliegen. Fliegen Sie nämlich gegen den Wind, besteht die Gefahr, dass der Heli ausgebremst wird und Sie über Nick korrigieren müssen. Bei einer korrekt geflogenen Rolle reicht es jedoch, lediglich über Roll und Pitch zu steuern.

Fliegen Sie bei Ihren ersten Versuchen immer in ausreichender Sicherheitshöhe. Falls Sie sich bei der Rolldrehung versteuern oder der Heli durch einen Nick- bzw. Heck-Input eine ungewollte Flugbahn einschlägt, sollten Sie auf jeden Fall noch genügend Zeit und Höhe haben, um ihn in Ruhe wieder in die Neutrallage drehen zu können. Für das Retten aus einer Notlage gilt grundsätzlich: Pitch auf Neutral und erst dann über einen zyklischen Input drehen. Steht der Pitchknüppel bei der Drehung in die Neutrallage im positiven oder negativen Anschlag, wird jede Menge Energie verbraten, die beim Drehen mit Pitch auf Null in eine schnellere Drehung umgesetzt wird. Ist der Heli erst einmal wieder in der gewohnten Fluglage angekommen, ist in der Regel noch genügend Zeit übrig, um ihn durch einen beherzten Pitch-Input abzufangen.

Auch in Sachen Fluggeschwindigkeit macht es aus sicherheitstechnischen Gründen Sinn, nicht unbedingt mit Maximalgeschwindigkeit durch die Gegend zu kacheln: Je schneller Sie fliegen, desto schneller wird sich Ihr Heli beim Versteuern dem Boden nähern. Bei mittlerer Geschwindigkeit bleibt Ihnen genug Zeit, um das Verhalten Ihres Helis bei der Rolle genau zu beobachten und ihn im Fall des Falles zu retten.

Wie bei jeder anderen Figur auch, entscheidet der Anflug über das Gelingen der Figur. Um sich zunächst auf gewohntem Terrain zu bewegen, können Sie mit Turns und einer langen geraden Strecke dazwischen beginnen. Fliegt Ihr Heli nach dem Abfangen aus dem Turn mit Rückenwind, können Sie die Figur beginnen. Optimalerweise beginnt die Rolle, kurz bevor der Heli den Standpunkt des Piloten passiert, und beendet wird sie kurz danach.

Vor dem Einleiten über Roll muss der Heli jedoch erst einmal gerade gerichtet werden. Auf der Geraden zwischen den beiden Turns zeigt die Nase des Helis in der Regel ein klein wenig nach unten. Passen nun Anfluggeschwindigkeit und Höhe, und der Heli nähert sich dem Startpunkt der Figur, müssen Sie die Nase des Helis ein ganz klein wenig nach oben ziehen. Der Nick-Input darf dabei jedoch nur so groß sein, dass die Nase des Helis minimal nach oben zeigt und der Heli kaum sichtbar steigt.

Hat er nun leicht steigend den Startpunkt der Rolle erreicht, folgt der kniffligste Steuer-

Steuerablauf bei der Rolle

So sieht die Rolle an der Fernsteuerung (Mode 2) aus: Begonnen wird damit, dass das Modell sinnvollerweise aus einem Turn mit leicht nach unten geneigter Nase und genügend Geschwindigkeit in Richtung der geplanten Figur ankommt. Um die Fahrt beizubehalten, steht Pitch in etwa auf der Position, die es auch im Schwebeflug hat [1]. Durch einen leichten Nick-Input wird die Nase des Modells nun nach oben gezogen, so dass der Heli gerade liegt [2]. Nun wird die Rolle durch vollen Roll-Ausschlag eingeleitet [3]. Dieser wird beibehalten, während das Pitch auf Neutralstellung zurückgenommen wird [4]. Wenn die Rolle annähernd abgeschlossen ist, wird Pitch wieder auf die ursprüngliche Position genommen [5]. Liegt der Heli wieder gerade, wird Roll auf Neutral gestellt [6]. Das war's schon. Bei Bedarf könnte man nun noch über einen kurzen Nick-Input die Nase wieder etwas nach unten senken, um die Fahrt weiter beizubehalten.

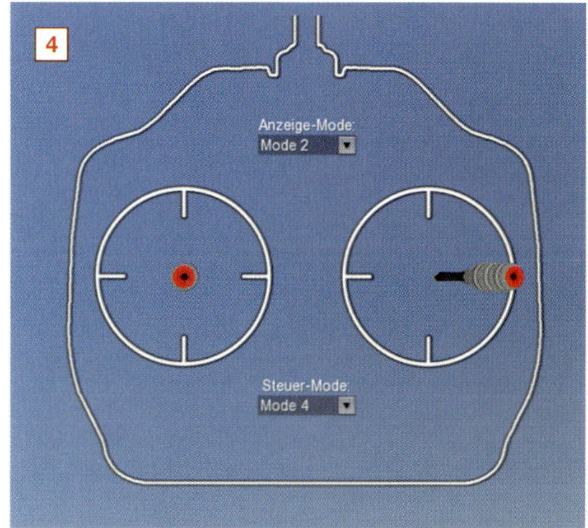

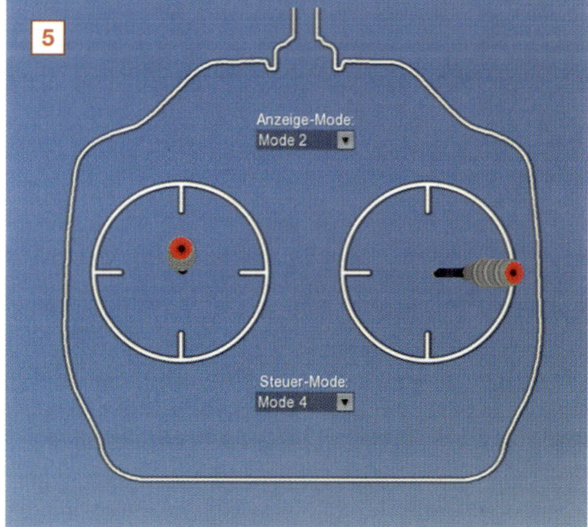

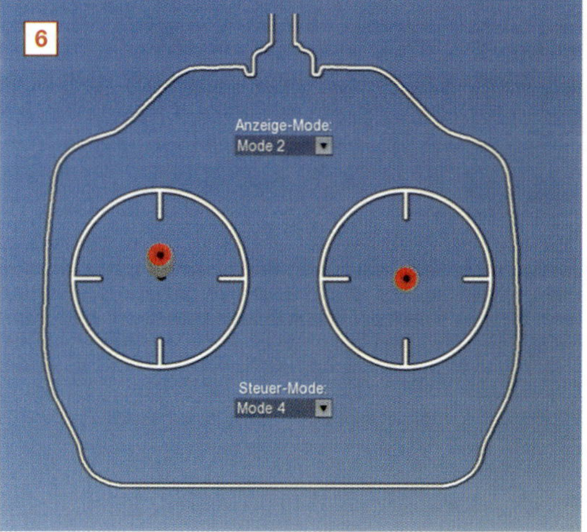

Input bei dieser Figur. Er besteht aus einer Kombination von Roll und Pitch. Für die ersten Rollen macht es durchaus Sinn, mit Roll im Endanschlag zu fliegen. Fühlen Sie sich erst einmal sicher mit dieser Figur, können Sie die Rollgeschwindigkeit beliebig variieren. Während der Rollknüppel sich also im Anschlag befindet und der Heli sich in Richtung Rückenlage bewegt, muss gleichzeitig der Pitchknüppel aus dem leicht positiven Bereich, den Sie benötigen, um die Vorwärtsfahrt aufrecht zu erhalten, in die Neutrallage bewegt werden. Dadurch wird gewährleistet, dass der Heli eine saubere Drehung über Roll ausführt und nicht durch einen Pitch-Input in eine Art Fassrolle bewegt wird. Haben Sie den Startpunkt der Figur richtig gewählt und die Rolldrehrate Ihres Helis richtig eingeschätzt, durchfliegt er die Rückenfluglage genau in dem Moment, in dem er Ihren Standort passiert.

Falls Sie sich nicht sicher sein sollten, wie schnell Ihr Heli rollt, können Sie einen Test im Schwebeflug durchführen. Schweben Sie mit der angepeilten Kunstflugdrehzahl in ausreichender Sicherheitshöhe vor sich und geben Sie einen kurzen Roll-Input bis zum Endanschlag und direkt wieder in die Neutrallage zurück. Dabei sollte Ihr Heli um ca. 45 Grad rollen. Ist dies der Fall, ist in der Regel gewährleistet, dass der Heli für eine vollständige Rolle etwa zwei Sekunden benötigt. Das bedeutet eine Drehrate, bei der man den Heli noch gut beobachten kann und trotzdem einigermaßen zügig durch die Figur kommt.

Je nach persönlichen Steuervorlieben kann es durchaus auch Sinn machen, so genanntes Dual Rate zu programmieren und dies für Kunstflugfiguren zuzuschalten. Dabei werden über einen Schalter am Sender verschieden große Drehraten für Roll, Nick und Heck angewählt. So können Sie beispielsweise mit kleinen Drehraten sauber schweben und für schnellere Kunstflugfiguren auf die höheren Drehraten umschalten. Dies erfordert allerdings auch eine Umgewöhnung an das veränderte Steuerverhalten bei höheren Drehraten und ist letztendlich eine Sache des persönlichen Geschmacks.

Wer die Drehraten konstant halten will, aber trotzdem ein sanfteres Ansprechen des Helis um die Mitte des Steuerwegs haben möchte, sollte mit der Exponentialfunktion der Fernsteuerung arbeiten. Grundsätzlich gilt: Suchen Sie sich eine Einstellung, mit der Sie zurecht kommen, und bleiben Sie nach Möglichkeit dabei. Häufiges Wechseln schadet in der Regel nur dem eigenen Flugstil.

Nach diesem kleinen technischen Exkurs wird es Zeit, wieder zur Figur zurückzukehren. Ihr Heli hat also Ihren Standort mittlerweile in Rückenfluglage passiert und dreht sich bereits weiter in Richtung Neutrallage. Während er diese Drehung ausführt, müssen Sie den Pitchknüppel langsam wieder Richtung Positiv-Pitch bewegen, bis er sich schließlich in der ursprünglichen Position befindet. Sobald der Heli in der Neutrallage angekommen ist, müssen Sie den Roll-Input zurücknehmen und den Rollknüppel wieder in die Neutrallage bringen. Letztendlich besteht die Steuerbewegung wieder in einem flie-

“ Das saubere Gelingen einer Rolle wird von verschiedenen Faktoren beeinflusst, über die wir uns vor den ersten Übungen ein paar Gedanken machen sollten.

ßenden Übergang aus Roll und Pitch. Haben Sie alles richtig gemacht, hat Ihr Heli jetzt eine saubere, quasi wie an der Schnur gezogene Rolle geflogen.

Die häufigsten Fehler beim Fliegen einer Rolle bestehen in der Regel in zu heftigem Aussteuern auf Pitch oder zu spätem bzw. zu frühem Abstoppen über Roll. Es gilt: Steuern Sie ruhig, geschmeidig und kontrolliert. Machen Sie sich den Steuerablauf der Figur vor dem Durchfliegen noch einmal deutlich. Auch ein paar Trockenübungen am Boden können nicht schaden. Achten Sie darauf, während des Durchfliegens der Rolle außer Roll und Pitch keine anderen Funktionen einzusteuern. Manchmal geschieht solch ein Einsteuern völlig unbewusst und wird vom Piloten selbst gar nicht wahrgenommen. Biegt Ihr Heli beim Rollenfliegen immer wieder in eine bestimmte Richtung ab, rufen Sie doch einmal einen Kollegen zu Hilfe, der Ihnen beim Steuern auf die Finger schaut. So kann man leicht feststellen, ob die Figur am Sender sauber gesteuert wurde. Manchmal kann es auch helfen, die Federn der Steuerknüppel ein wenig härter einzustellen, um ein unbeabsichtigtes Einsteuern zu verhindern.

Haben Sie schließlich den Steuerablauf verinnerlicht und sind in der Lage, die Rolle sauber durchzusteuern, können Sie im Prinzip beliebig viele Rollen hintereinander hängen. Dabei kommt es dann lediglich auf das richtige Timing des Pitchknüppels an. Der Rollknüppel bleibt so lange im Endanschlag, bis Sie mit dem Rollenfliegen aufhören wollen, während der Pitchknüppel immer wieder eine gleichförmige und geschmeidige Bewegung von Positiv-Pitch nach Neutral und wieder zurück ausführt. Stimmt Ihr Pitch-Timing, darf der Heli dabei weder Höhe noch Fahrt verlieren.

Mit der Zeit können Sie verschiedene Variationen in die Rolle mit einbauen – doch dazu kommen wir erst in der nächsten Ausgabe. Bis dahin wünsche ich Ihnen viel Spaß beim Trainieren Ihrer ersten Rollen.

■

»Um ein möglichst stabiles Flugverhalten während der Kunstflugfiguren zu erhalten, sollte der Schwerpunkt direkt unter der Rotorwelle oder ein wenig davor liegen.«

Band 1 & Band 2

Basiswissen für MODELL HELIPILOTEN

Basiswissen für Modellhelipiloten 1

Aufbau & Grundeinstellung von Modellhelicoptern

Step by step zum sicheren Helipiloten

Basiswissen für Modellhelipiloten, Band 2 – Flugtraining vom Schwebe- bis zum Rundflug

Basiswissen für Modellhelipiloten 2 BAND

Tobias Wilhelm
Markus Fiehn

FLUGTRAINING vom Schwebe- bis zum Rundflug

ROTOR EDITION

Modellsport Verlag Baden-Baden

4 | Auf- und Abschwung

In den letzten beiden Kapiteln dieses Buchs habe ich Ihnen die zwei wichtigsten Figuren des klassischen Kunstflugs, nämlich Looping und Rolle, näher gebracht. Haben Sie diese in Ihr fliegerisches Repertoire aufgenommen und beherrschen sie im Schlaf, besitzen Sie nun das Rüstzeug für eine ganze Fülle neuer Figuren. Machen wir uns nun also daran, aus Looping und Rolle neue Figuren zusammen zu setzen. Im nächsten Schritt lernen Sie gleich zwei Figuren. Ihr grundsätzlicher Ablauf ist gleich, eine davon ist jedoch ein wenig kniffliger zu fliegen und auch ein klein wenig riskanter. Es handelt sich um den sogenannten Aufschwung und sein Pendant, den Abschwung. Hierbei kombinieren Sie zum ersten Mal den Looping mit der Rolle. Dadurch, dass Sie jeweils nur die Hälfte beider Figuren fliegen, entstehen zwei völlig neue Figuren.

Aufschwung

Beginnen wir zunächst mit dem Aufschwung (auch genannt »Immelmann«). Dabei handelt es sich um einen halben Looping, gefolgt von einer halben Rolle. Zum Aufwärmen können Sie mit hohen Turns und Loopings beginnen. Danach sollten Sie noch ein paar Rollen fliegen. Es macht Sinn, das Abstoppen auf dem Rücken bzw. das Herausdrehen aus dem Rückenflug separat zu üben. Fliegen Sie dazu in entsprechender Höhe einen geraden Anflug bei mittlerer Geschwindigkeit an sich vorbei. Kurz bevor der Heli Ihren Standpunkt passiert, drehen Sie ihn mit einem beherzten Rollinput auf den Rücken und lassen ihn an sich vorbei fliegen. Der Pitchknüppel muss dabei so weit in den negativen Bereich bewegt werden, dass das Modell weder an Höhe, noch an Geschwindigkeit verliert. Nach einer kurzen Strecke auf dem Rücken können Sie es wieder über Roll umdrehen. Wiederholen Sie diese Übung so lange von beiden Seiten, bis Sie in der Lage sind, eine saubere Gerade ohne Höhenverlust beim Fluglagenwechsel (vom Normalflug in die Rückenlage und wieder zurück) zu fliegen.

Nun können Sie Ihren ersten Aufschwung fliegen. Der Anflug kann von links oder rechts, praktischerweise aus dem Turn erfolgen. Der Anflug kann dabei im Prinzip auf Augenhöhe erfolgen, da bei dieser Figur ohnehin Höhe gewonnen wird. Ist der Heli am Pilotenstandpunkt angekommen, erfolgt ein gleichzeitiger kräftiger Pitch- und Nickinput. Fliegen Sie einen halben Looping und beenden Sie den Nickinput, wenn der Heli in der Rückenfluglage angekommen ist. Gleichzeitig zum Beenden des Nickinputs erfolgt ein negativer Pitchinput, wie Sie ihn schon von der Rollübung kennen. Der Zeitpunkt, an dem der Nickinput beendet wird entscheidet maßgeblich über das Gelingen der Figur. Wird der Knüppel zu früh zurückgestellt, zeigt die Nase des Helis noch ein wenig nach oben und er wird durch den negativen Pitchinput nach oben wegsteigen und an Geschwindigkeit verlieren. Wird er zu spät neutralisiert, befindet der Heli sich bereits wieder auf dem Weg nach unten und wird nicht nur an Höhe verlieren, sondern auch schnell Geschwindigkeit aufbauen.

Das Ziel ist es, den halben Looping so zu beenden, dass der Heli Ihren Standpunkt in dem Moment passiert, in dem Sie den Nickinput beenden. Fliegt der Heli nun also sauber geradeaus auf dem Rücken an Ihnen vorbei, können Sie ihn noch ein paar Meter weiter fliegen lassen und ihn dann über Roll wieder in die Normalfluglage drehen. Je nach Windverhältnissen muss der Pitchinput beim Hochziehen natürlich unterschiedlich stark ausfallen. Fliegen Sie gegen den Wind an, werden Sie beim Hochziehen weniger positiv Pitch benötigen, dafür aber in der Rückenlage ein wenig mehr negativ Pitch. Beim Anflug mit Rückenwind verhält es sich dann genau umgekehrt. Müssen Sie die Figur mit Seitenwind fliegen, kann es unter Umständen nötig sein, ein wenig auf Roll vorzuhalten, um sauber durch den halben Looping zu kommen und den Heli nicht seitlich zu versetzen. Wenn Sie nicht auf Roll vorhalten, könnte es passieren, dass das Modell durch den Seitenwind zu Ihnen hin gedrückt wird und Sie dabei die Fluglage nicht mehr korrekt erkennen.

“Das Ziel ist es, den halben Looping so zu beenden, dass der Heli Ihren Standpunkt in dem Moment passiert, in dem Sie den Nickinput beenden.

Haben Sie alles richtig gemacht, fliegt Ihr Heli nach der Drehung in die Neutrallage sauber geradeaus weiter und hat dabei die gleiche Geschwindigkeit und Entfernung zum Piloten, wie beim Einflug in die Figur. Die Größe des halben Loopings können Sie völlig frei wählen. Je größer, weiträumiger und schneller ein Aufschwung geflogen wird, desto spektakulärer sieht er aus. Zur Kontrolle der Rollfunktion können Sie den Aufschwung übrigens auch auf sich zu fliegen.

Der Steuerablauf für den Aufschwung sieht folgendermaßen aus:

→ Horizontalfahrt aufbauen – am sinnvollsten aus einem Turn heraus
→ Nick ziehen und halten
→ Am höchsten Punkt des halben Loopings Nickinput beenden
→ Langsamer Übergang von Positiv- zu Negativ-Pitch
→ Negativen Pitchinput beibehalten
→ Rollinput und gleichzeitiges Verringern des Pitchinputs
→ Beenden des Rollinputs, sobald der Heli die Normallage erreicht hat
→ Positiver Pitchinput, um Höhe und Geschwindigkeit zu halten

Abschwung

Weiter geht es mit dem Abschwung. Er ist ein wenig kniffliger als der Aufschwung und sollte stets mit Bedacht geflogen werden, da der Heli sonst sehr schnell ungewollten Bodenkontakt bekommen kann. Der Abschwung stellt das genaue Gegenstück zum Aufschwung dar. Er besteht aus einer halben Rolle, gefolgt von einem halben Looping. Bei dieser Figur wird je nach Anflug relativ viel Höhe abgebaut. Für den Anfang gilt also: Höhe ist Ihr Freund! Begonnen wird die Figur also in entsprechender Sicherheitshöhe. Fliegen Sie von links oder rechts kommend einen geraden Anflug mit mittlerer Geschwindigkeit. Kurz bevor der Heli Ihren Standpunkt erreicht, müssen Sie ihn über Roll in die Rückenfluglage drehen und durch einen entsprechenden negativen Pitchinput

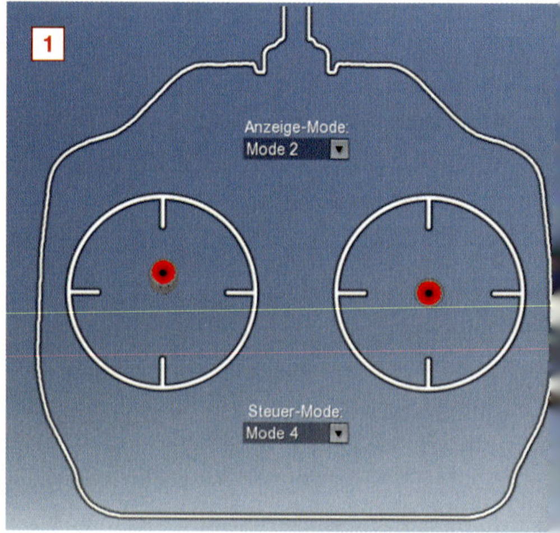
1
Anzeige-Mode:
Mode 2
Steuer-Mode:
Mode 4

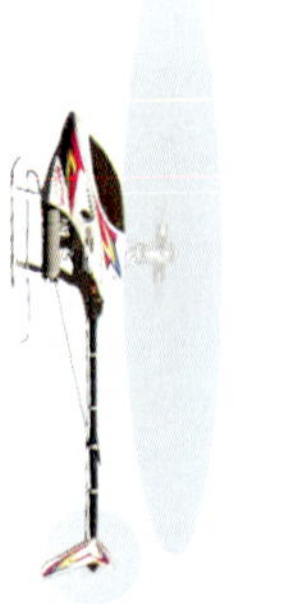

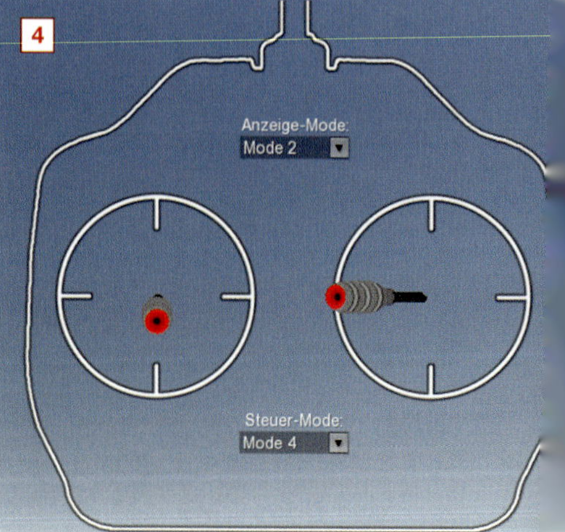
4
Anzeige-Mode:
Mode 2
Steuer-Mode:
Mode 4

Steuerablauf Aufschwung

Der Aufschwung: Aus einem horizontalen Anflug mit ausreichender Fahrt [1] wird zunächst über Nick ein Looping eingeleitet [2]. An dessen höchstem Punkt wird Nick neutralisiert und gleichzeitig der Pitchknüppel Richtung Negativ-Pitch bewegt, so dass das Modell gerade auf dem Rücken fliegt [3]. Über Roll wird das Modell in die Normallage gebracht [4]. Dabei wird gleichzeitig wieder das Pitch erhöht [5]. Nach der halben Rolle wird der Rollinput beendet. Nun sollte das Modell mit leichtem Positiv-Pitch mit der gleichen Geschwindigkeit wie beim Einflug geradeaus unterwegs sein [6].

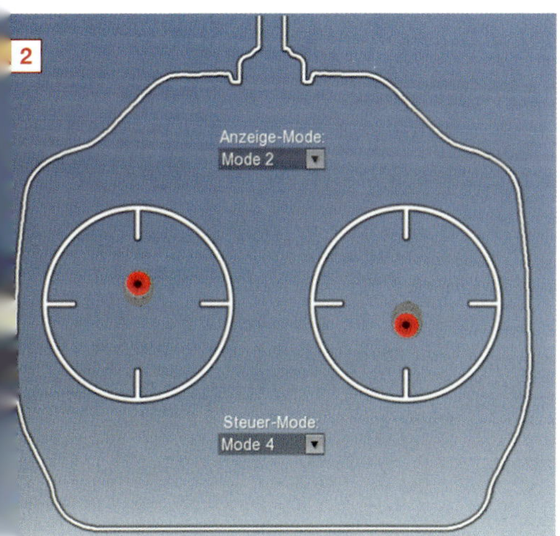

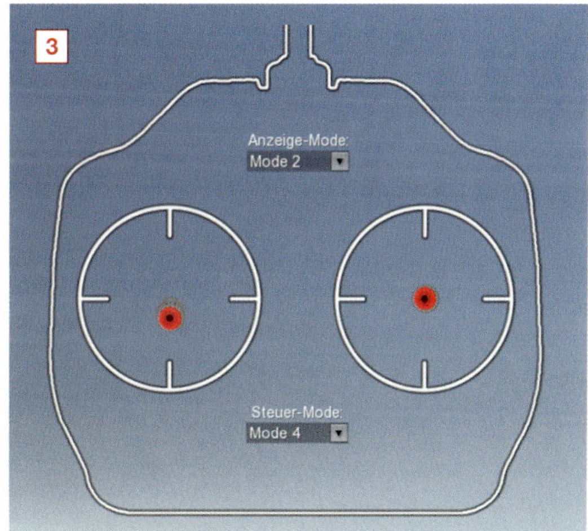

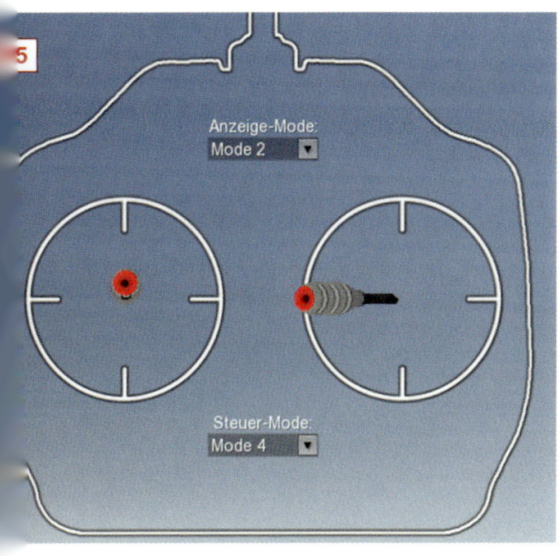

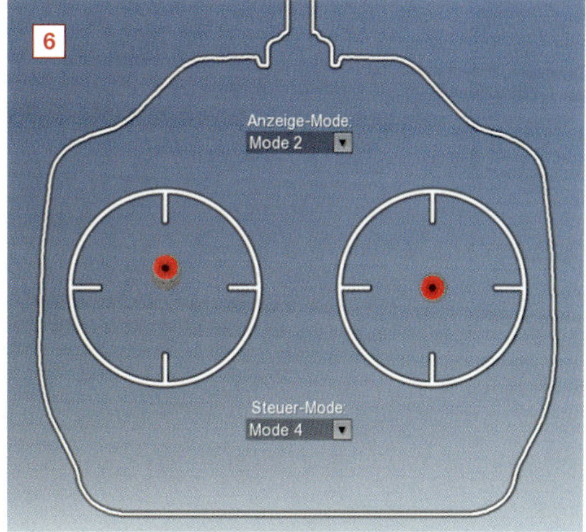

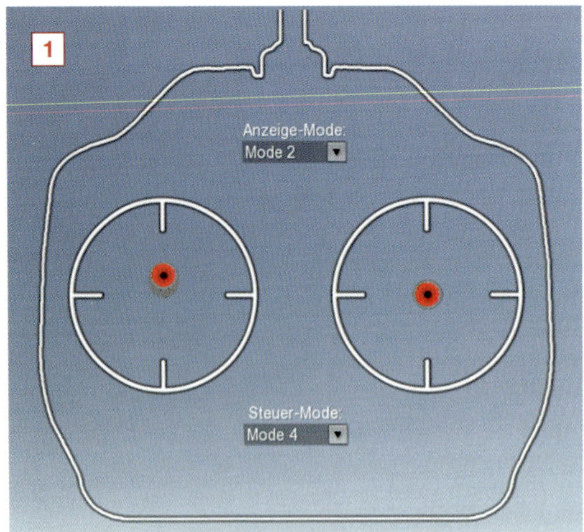
1
Anzeige-Mode:
Mode 2
Steuer-Mode:
Mode 4

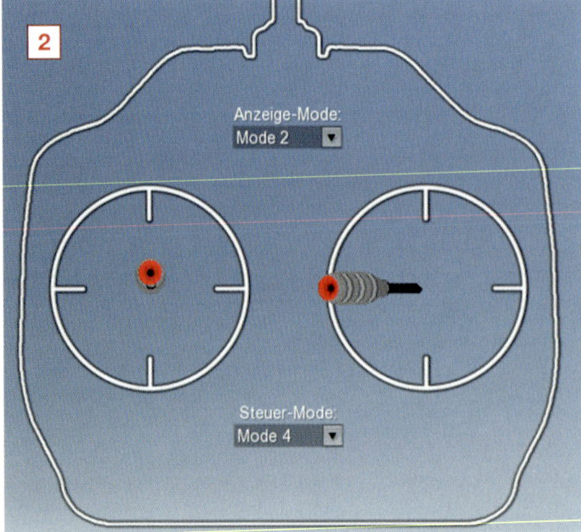
2
Anzeige-Mode:
Mode 2
Steuer-Mode:
Mode 4

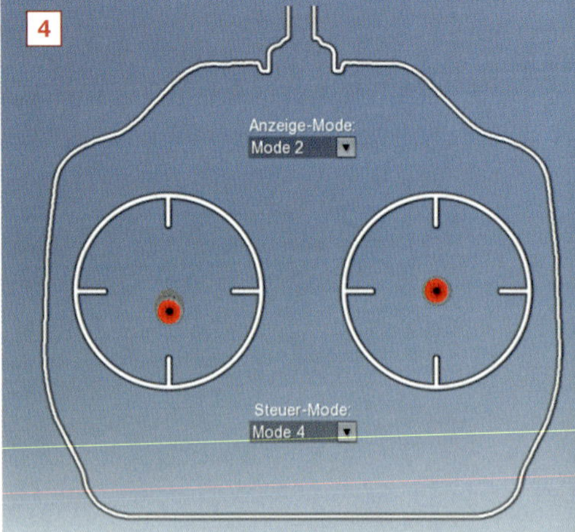
4
Anzeige-Mode:
Mode 2
Steuer-Mode:
Mode 4

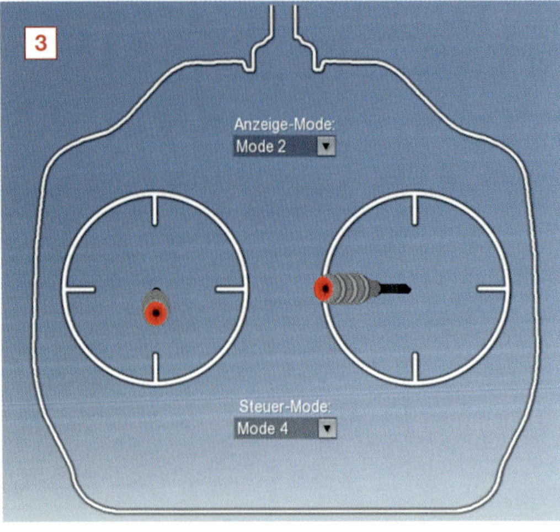
3
Anzeige-Mode:
Mode 2
Steuer-Mode:
Mode 4

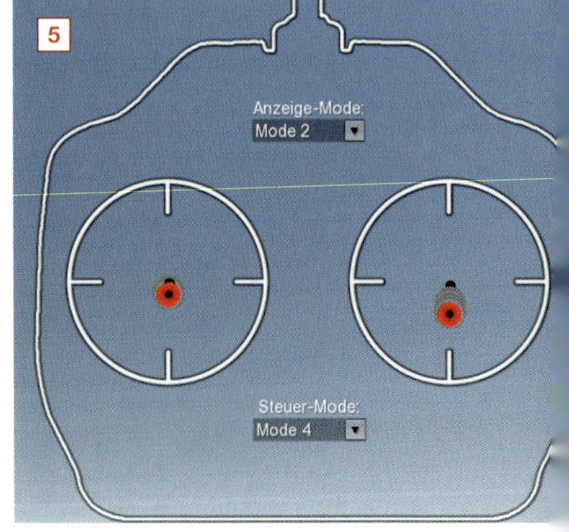
5
Anzeige-Mode:
Mode 2
Steuer-Mode:
Mode 4

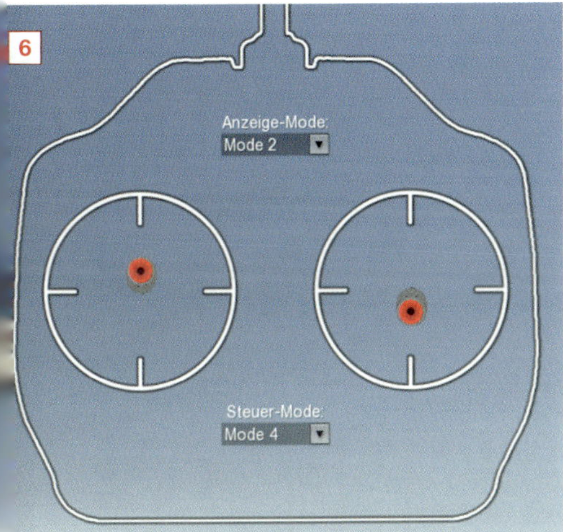

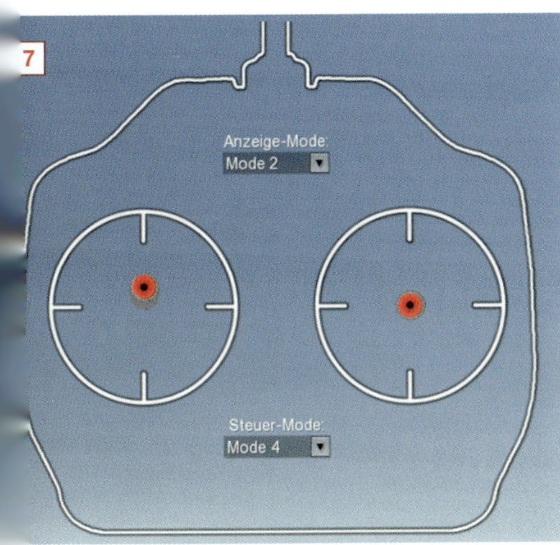

Steuerablauf Abschwung

Der Abschwung: Aus einem horizontalen Anflug mit ausreichend »Sicherheitshöhe« [1] wird das Modell über Roll in Rückenlage gedreht [2]. Während der Rolle wird Pitch langsam reduziert [3]. In Rückenlage angekommen, wird der Rollinput beendet. Pitch sollte nun so im Negativbereich stehen, dass der Heli geradeaus weiterfliegt [4]. Nun wird über Nick der halbe negative Looping eingeleitet [5]. Dabei wird leicht Pitch eingesteuert, so dass Höhe ab- und Geschwindigkeit aufgebaut wird [6]. Am untersten Punkt wird Nick neutralisiert und Pitch so gesteuert, dass der Heli mit gleichbleibender Höhe und Geschwindigkeit aus der Figur ausfliegt [7].

dafür sorgen, dass der Heli weder Höhe noch Fahrt verliert. Hier kommt Ihnen wieder die Rollübung vom Anfang zu gute. Statt den Heli nun aber wieder aus der Rückenlage in die Normallage zu drehen, folgt nun ein halber Looping. Lassen Sie den Heli zunächst noch ein Stück an sich vorbei fliegen und geben dann gleichzeitig einen Nickinput und einen leichten positiven Pitchinput.

Bei Pitch ist allerdings erhöhte Vorsicht geboten. Erfolgt der Input zu früh oder zu stark, wird der Heli Richtung Boden beschleunigt und nimmt rasant an Fahrt auf. Dann kann unter Umständen sogar ein voll gezogener Nickknüppel nicht mehr ausreichend sein und Ihr Heli küsst mit voller Fahrt den Boden. Im Idealfall ist der Nickinput so gewählt, dass der Heli einen sauberen halben Looping fliegt und in ausreichender Höhe wieder die Normalfluglage erreicht hat. Es kommt also auf die richtige Mischung zwischen Nick- und Pitchinput an. Fliegen Sie die ersten Abschwünge besser ein wenig höher und tasten Sie sich an das Verhalten Ihres Helis während der Abwärtspassage heran. Fliegen Sie den Anflug bei starkem Gegenwind, kann es eventuell sein, dass Sie den Heli im ersten Teil der Abwärtspassage mit einem negativen Pitchinput gegen den Wind »drücken« müssen, um einen sauberen halben Looping fliegen zu können. Mit der Zeit werden Sie aber auf jeden Fall ein Gespür dafür entwickeln, wie das Zusammenspiel von Nick und Pitch im Abschwung funktioniert, um eine saubere Figur zu erhalten.

Der Steuerablauf für den Abschwung sieht wie folgt aus:

→ Horizontaler Anflug mit ausreichend »Sicherheitshöhe«
→ Rollinput und gleichzeitiges Verringern des Pitchinputs
→ Beenden des Rollinputs, sobald der Heli die Rückenlage erreicht hat
→ negativen Pitchinput beibehalten
→ Nick ziehen und halten
→ Leichter positiver Pitchinput, um Höhe ab- und Geschwindigkeit aufzubauen
→ Am untersten Punkt des halben Loopings Nickinput beenden
→ Konstanter, positiver Pitchinput um Höhe und Geschwindigkeit zu halten

Kombinationen

Sobald Sie beide Figuren beherrschen, können Sie diese auch direkt hintereinander fliegen, um daraus eine weitere Figur zu machen. Im Prinzip fliegen Sie dann einen Looping mit einer Rolle im höchsten Punkt. Für den Anfang bietet es sich allerdings an, zuerst einen sauberen Aufschwung zu fliegen, den Heli dann eine Weile geradeaus fliegen zu lassen, um dann erst den Abschwung anzuschließen. Wenn Sie Aufschwung und Abschwung entsprechend platzieren, können Sie sie auch als Wendefiguren in Ihr Programm einbauen und andere Figuren dazwischen platzieren.

Mit diesen Figuren besitzen Sie nun bereits das Rüstzeug, um eine richtige kleine Kunstflugshow auf die Beine zu stellen und den neugierigen Zuschauer, den wir in einer der letzten Folgen ja bereits kennengelernt haben, zu verblüffen. Entsprechend schnell und großräumig geflogen und in beliebiger Reihenfolge kombiniert, sehen diese Figuren nicht nur schön, sondern auch noch recht spektakulär aus. ■

5 | Kuban-Acht und Cobra-Rolle

Ich hoffe, Sie kommen beim Training der neuen Figuren gut voran. Langsam, aber sicher werden die Kunstflugfiguren immer komplexer, und mit Ihrer Beherrschung können Sie sich bereits zu den Kunstflugpiloten zählen. Richtig komplex wird es dann, wenn wir längere Rückenflugpassagen in unsere Figuren einbauen oder aber uns mit Pirouettenfiguren beschäftigen. Bevor wir uns allerdings auf dieses Level begeben können, wird es Zeit, noch einige weitere Kombinationsfiguren aus Rolle und Looping zu erlernen. In dieser Folge lernen Sie, wie man eine Kuban-Acht und eine Cobra-Rolle fliegt. Beide Figuren können praktisch ohne Heckeinsatz geflogen werden. Es kommt lediglich auf das Zusammenspiel von Pitch, Nick und Roll an.

Kuban-Acht

Beginnen wir zunächst mit der Kuban-Acht. Diese Figur stammt ursprünglich aus den Anfängen des Flächenkunstflugs und ist daher mit ein wenig Schwung recht einfach zu fliegen. Sie besteht aus zwei Dreiviertel-Loopings, an deren Kreuzungspunkt der Heli jeweils eine halbe Rolle fliegt. Die Figur sollte nach Möglichkeit so geflogen werden, dass der Pilotenstandpunkt sich auf Höhe des Kreuzungspunktes befindet. Die zu bevorzugende Anflugrichtung ist mit dem Wind, da das Modell so mit der eigenen Fahrt in die Figur startet, während es den zweiten Dreiviertel-Looping mit der »beibehaltenen« Fahrt absolvieren muss. So ist es relativ einfach, beide Loopings etwas gleich groß zu fliegen.

Als kleine Vorübung können Sie ein paar Rollen fliegen, bei denen Sie jeweils in der Rückenlage die Drehung abstoppen und ein kleines Stück geradeaus weiter fliegen. Auch der bereits erlernte Auf- bzw. Abschwung eignet sich gut als Vorübung. Den Anflug für die Kuban-Acht beginnen Sie am Besten aus einem hohen Turn heraus. So haben Sie genügend Zeit, den Heli gerade auszurichten und einen sauberen Anflug auf die Beine zu stellen. Die Anflughöhe nach dem Abfangen sollte zwischen 20 und 30 Meter betragen. Fliegt der Heli nun also mit relativ hoher Geschwindigkeit auf der gewünschten Geraden, können Sie die Figur einleiten. Der genaue Zeitpunkt richtet sich nach der beabsichtigten Größe der Dreiviertelloopings. Der Heli passiert dabei zunächst den Pilotenstandpunkt im Geradeausflug. Der Punkt, an dem Sie ihn zum Dreiviertelloop hochziehen, entscheidet über die Größe der beiden Loops, da die Strecke die der Heli vom Passieren des Pilotenstandpunkts bis zum Hochziehen abfliegt, genau dem Radius eines Dreiviertelloops entspricht.

Aus dem Geradeausflug geben Sie also zunächst voll Pitch und ziehen den Heli im gewünschten Moment mit einem entsprechenden Nickinput hoch zum Loop. Dieser darf dabei gerne recht flott und mit einem großen, kontinuierlichen Pitchinput geflogen werden. Nachdem der Heli den höchsten Punkt des

Loops im Rückenflug erreicht hat, wird es allerdings Zeit, den Pitchinput bis auf Neutralpitch zurück zu nehmen. Das Reduzieren sollte dabei in einer langsamen und fließenden Bewegung erfolgen. Der zum Einleiten der Figur gewählte Nickinput muss beibehalten werden bis das Modell ca. in einem 45-Grad-Winkel auf dem Rücken liegend wieder nach unten fliegt. Ist dieser Flugzustand erreicht, muss der Nickknüppel wieder in die Neutralstellung bewegt werden. Je nach Windverhältnissen kann es erforderlich sein, ein klein wenig Negativpitch zu geben, damit der Heli nicht zu schnell an Höhe verliert. Der Pitchinput dient dabei jedoch lediglich zum »Abstützen« in der Figur. Wird ein zu großer negativer Pitchinput eingesteuert, verlässt das Modell seine Flugbahn und die Figur wird unsauber.

Haben Sie alles richtig gemacht, befindet Ihr Heli sich nun also im Rückenflug mit einem Winkel von ca. 45° auf dem Weg in Richtung Erdboden. Dies ist jedoch kein Grund, in Panik zu geraten. Kurz bevor der Heli Ihren Standpunkt passiert, wird er nämlich mit einem kontrollierten Rollinput wieder in die Normalfluglage gedreht. Optimalerweise vollführt er diese Drehung genau beim Passieren des Pilotenstandpunkts. Fliegt der Heli also, wieder in Normallage angekommen, Richtung Boden weiter, wird es Zeit, ihn mit einem Nickinput abzufangen. Der Nickinput sollte dabei so groß gewählt werden, dass das Modell nach dem Abfangen wieder auf Anflughöhe weiter fliegen könnte. Das Erreichen und Abfangen in Anflughöhe muss so gesteuert werden, dass der Heli nach dem Abfangen genau so weit vom Pilotenstandpunkt entfernt ist, wie zuvor beim Einleiten der Figur. Allerdings befindet er sich nun auf der anderen Seite des Piloten entgegengesetzt der ursprünglichen Anflugrichtung.

Da wir die Kuban-Acht bis zu dem Zeitpunkt nur zur Hälfte durchflogen haben, muss der Nickinput zum Abfangen nun beibehalten werden und der Heli wieder mit einem kräftigen Pitchinput zum zweiten Dreiviertelloop hochgezogen werden. Nun folgt die gleiche Figur wie zu Beginn – nur eben in entgegengesetzter Richtung. Sofern Sie alles korrekt gesteuert haben, beendet der Heli die Figur genau da wo Sie ihn ursprünglich zum Einleiten der Figur hochgezogen haben. Flughöhe und Geschwindigkeit sollten ebenfalls wieder gleich sein. Ein wenig Gehirnakrobatik ist gefordert, wenn man die Figur mit Seitenwind fliegt, da sich die Aussteuerrichtung bedingt durch das Drehen in die Rückenlage und wieder zurück in die Normallage während der Figur mehrfach ändert. Abgesehen davon lässt die Figur sich aber recht einfach

“ Beginnen wir zunächst mit der Kuban-Acht. Diese Figur stammt ursprünglich aus den Anfängen des Flächenkunstflugs und ist daher mit ein wenig Schwung recht einfach zu fliegen.

Die Kuban-Acht

So wird sie geflogen:

- positiver Pitchinput, um den Heli in den Loop zu beschleunigen
- Nick ziehen und halten, um einen Dreiviertelloop zu fliegen
- im höchsten Punkt des Loops Pitch auf Null; Nickinput beibehalten
- nach dreiviertel des Loops Nickknüppel in Neutralstellung bringen
- Rollinput, um den Heli in die Normallage zu drehen
- Pitch langsam wieder erhöhen; gleichzeitig Nick ziehen und halten, um den zweiten Dreiviertelloop einzuleiten

im höchsten Punkt des Loops Pitch auf Null; Nickinput beibehalten

nach Dreiviertel des Loops Nickknüppel in Neutralstellung bringen

Rollinput, um den Heli in die Normallage zu drehen

→ Pitch langsam wieder erhöhen

→ Nickinput, um den Heli abzufangen

→ Nickknüppel in Neutrallage bringen, sobald der Heli wieder im Geradeausflug ist

Die Cobra-Rolle

fliegen. Zum Trainieren können Sie zunächst auch nur jeweils einen Dreiviertelloop fliegen und die Figuren erst später zusammensetzen.

Der Steuerablauf für die Kuban-Acht sieht aus dem geraden Anflug heraus folgendermaßen aus:

- positiver Pitchinput, um den Heli in den Loop zu beschleunigen
- Nick ziehen und halten, um einen Dreiviertelloop zu fliegen
- im höchsten Punkt des Loops Pitch auf Null; Nickinput beibehalten
- nach dreiviertel des Loops Nickknüppel in Neutralstellung bringen
- Rollinput, um den Heli in die Normallage zu drehen
- Pitch langsam wieder erhöhen; gleichzeitig Nick ziehen und halten, um den zweiten Dreiviertelloop einzuleiten
- im höchsten Punkt des Loops Pitch auf Null; Nickinput beibehalten
- nach Dreiviertel des Loops Nickknüppel in Neutralstellung bringen
- Rollinput, um den Heli in die Normallage zu drehen
- Pitch langsam wieder erhöhen
- Nickinput, um den Heli abzufangen
- Nickknüppel in Neutrallage bringen, sobald der Heli wieder im Geradeausflug ist

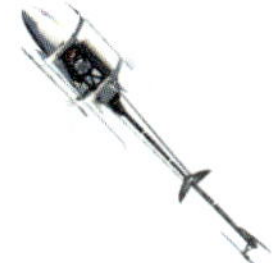

So wird sie geflogen:

- positiver Pitchinput, um den Heli zu beschleunigen
- kurzer Nickinput, um das Modell 45° nach oben zu ziehen
- Pitch auf Mittelstellung bringen
- Rollinput, um den Heli in Rückenlage zu drehen
- kurzer Nickinput, um ihn 90° nach unten abbiegen zu lassen (eventuell mit ein wenig Negativpitch stützen)
- Rollinput, um den Heli wieder in Normallage zu drehen
- Pitch langsam wieder erhöhen
- Nickinput, um den Heli auf Anflughöhe abzufangen

Cobra-Rolle

Sobald Sie die Kuban-Acht beherrschen, können Sie sich der Cobra-Rolle widmen. Diese ist nicht ganz so komplex wie die Kuban-Acht, muss jedoch sehr sorgfältig gesteuert werden, wenn sie sauber aussehen soll. Außerdem muss bei dieser Figur ein erhöhtes Augenmerk auf die Geschwindigkeit gelegt werden. Das Ziel dabei ist, die Geschwindigkeit möglichst konstant zu halten. Der Anflug kann dabei genauso wie bei der Kuban-Acht aus dem Turn in etwa 20 bis 30 Metern Höhe erfolgen. Nun müssen Sie Ihren Heli mit einem beherzten Pitchinput zunächst auf der Geraden beschleunigen. In einiger Entfernung zum Pilotenstandpunkt erfolgt ein kurzer Nickinput, der den Heli in einen 45-Grad-Steigflug bringt. Nach einer kurzen Strecke wird er mit einem Rollinput in Rückenlage gedreht. Der Pitchknüppel muss während der Drehung in die Neutrallage gebracht werden.

Durch das Reduzieren des Pitchs wird der Heli, der sich nun im Rückenflug befindet, recht schnell an Fahrt verlieren. Sobald er nun den Pilotenstandpunkt erreicht, muss er mit einem kurzen Nickinput wieder in Richtung Boden gesteuert werden. Der Heli »biegt« also quasi auf Höhe des Pilotenstandpunkts 90° über Nick ab und befindet sich danach im 45-Grad-Sturzflug in

Richtung Boden. Pitch bleibt dabei weiterhin in Neutrallage. Wenn man mit Wind zu kämpfen hat, kann das Modell während der Rückenflugphase ein wenig mit Negativpitch gestützt werden. Nun muss es lediglich wieder über Roll in die Normallage gedreht werden. Nähert es sich der Anflughöhe, kann das Pitch langsam wieder erhöht und der Heli mit einem kurzen Nickinput wieder auf eine waagerechte Flugbahn gebracht werden. Die schwierigste Phase bei der Cobra-Rolle stellt sicherlich die 90-Grad-Kehre auf Höhe des Piloten dar. Der Heli darf dabei nicht zu viel Geschwindigkeit verlieren, da diese Figur von einer möglichst flüssigen Durchführung lebt. Idealerweise gehen das Drehen in die Rückenlage, das »Abbiegen« über Nick und das Drehen in die Normallage fließend ineinander über. Sauber geflogen ähnelt dieses Manöver nämlich dem Angriffsverhalten seines Namensgebers, der Cobra.

Der Steuerablauf für die Kuban-Acht sieht aus dem geraden Anflug heraus folgendermaßen aus:

- positiver Pitchinput, um den Heli zu beschleunigen
- kurzer Nickinput, um das Modell 45° nach oben zu ziehen
- Pitch auf Mittelstellung bringen
- Rollinput, um den Heli in Rückenlage zu drehen
- kurzer Nickinput, um ihn 90° nach unten abbiegen zu lassen (eventuell mit ein wenig Negativpitch stützen)
- Rollinput, um den Heli wieder in Normallage zu drehen
- Pitch langsam wieder erhöhen
- Nickinput, um den Heli auf Anflughöhe abzufangen

Diese beiden Figuren hören sich eventuell recht simpel an, erfordern jedoch eine gehörige Portion Feingefühl und eine gute Beobachtungsgabe in Sachen Fluggeschwindigkeit. Gezieltes Üben wird Ihr Gefühl für Ihren Hubschrauber verbessern und Sie auch in Sachen Flugraumaufteilung weiterbringen.

■

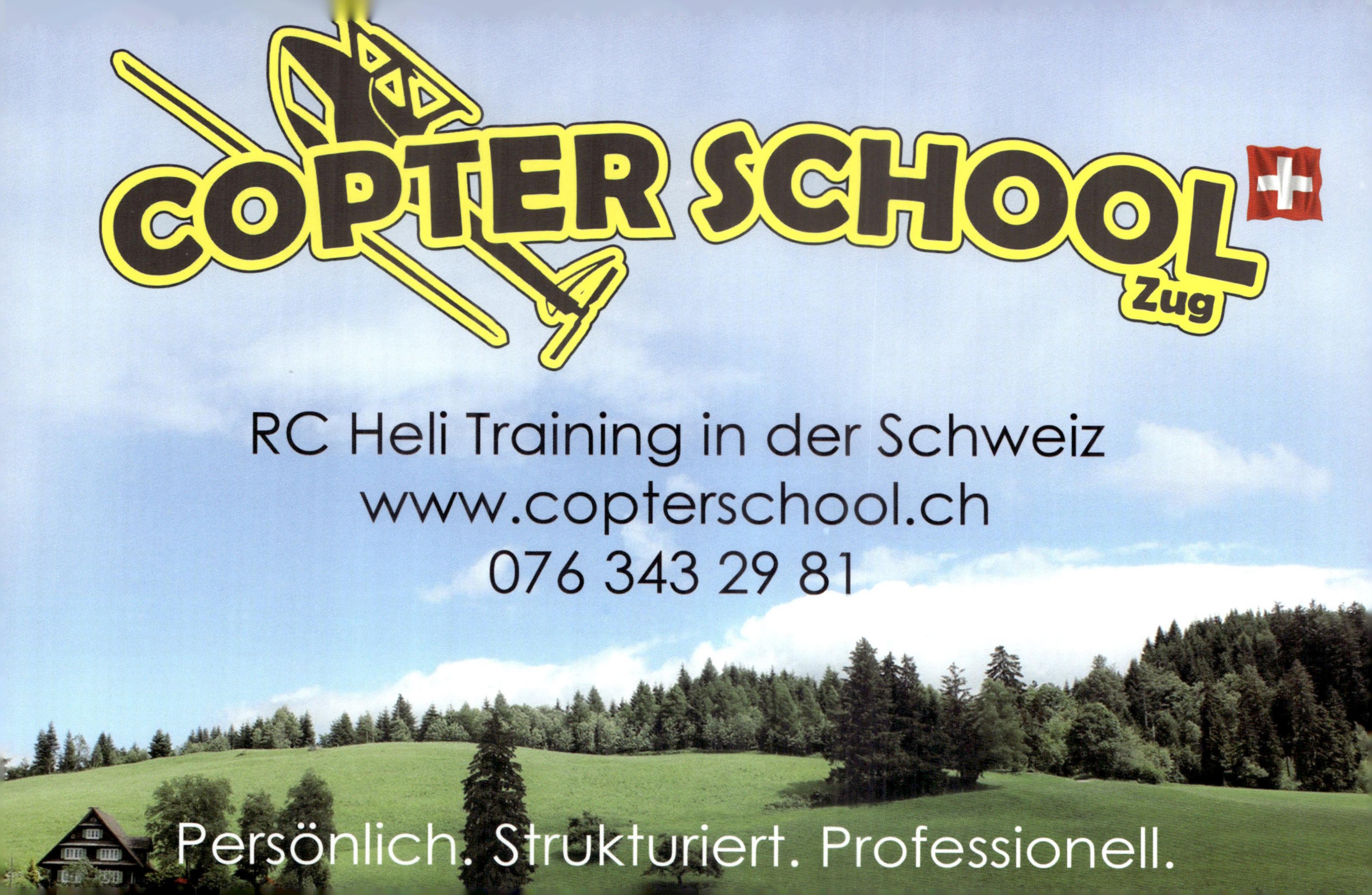
COPTER SCHOOL
Zug
RC Heli Training in der Schweiz
www.copterschool.ch
076 343 29 81
Persönlich. Strukturiert. Professionell.

6 | Flip und Messerflug-Pirouette

Kommen Sie gut mit dem Training der Kunstflugfiguren voran? Ziel ist es auch, dass Sie schrittweise ein immer besseres Gefühl für Ihren Heli bekommen. Das Training dieser Manöver dient nämlich nicht nur dazu, Ihren Vereinskollegen und Zuschauern zu demonstrieren, was für ein tollkühner Pilot Sie sind, sondern auch dazu, ein deutliches Plus an Sicherheit in allen erdenklichen Fluglagen – seien sie nun beabsichtigt oder nicht – zu gewinnen. Mittlerweile sollten Sie in der Lage sein, Ihren Heli im Schweben und in so ziemlich allen flächenflugähnlichen Fahrtfiguren sicher zu beherrschen. Wir können uns also langsam aber sicher den helispezifischeren Flugfiguren widmen. Der Vorteil eines Hubschraubers liegt ja eben gerade darin, dass man mit ihm unzählige Figuren fliegen kann, die mit einem Starrflügler (so nennen die Heliflieger oder auch Drehflüglerfreunde die flächenfliegende Zunft ja gern) einfach nicht fliegen kann. In dieser Episode unserer Kolumne lernen Sie nun eine der grundlegendsten Figuren des Hubschrauberkunstflugs, den Flip und eine Figur die Eigenschaften von Flächenfliegern und Helis in sich vereint; nämlich die Messerflugpirouette.

Der Flip

Beginnen wir mit dem Flip. Ein Flip beschreibt eine stationäre 360-Drehung auf der Quer- (Nick) oder der Längsachse (Roll). Im Prinzip könnte man Roll- oder Nickflips auch als besonders eng geflogene Rollen bzw. Loopings bezeichnen. Glücklicherweise beherrschen Sie diese Figuren ja schon und kennen daher den grundsätzlichen Steuerablauf. Wie bei fast allen Manövern kommt es auch hier wieder auf das richtige Zusammenspiel und Timing von kollektiven und zyklischen Steuereingaben an. Mit anderen Worten: Ihr Pitchtiming ist wieder einmal entscheidend für das saubere Gelingen der Figur. Um das Trainieren der Figur ein wenig einfacher zu gestalten, zerlegen wir sie in zwei Abschnitte.

Der Heli wird jeweils zunächst mit einem Flip in die Rückenlage gedreht, kurz stabilisiert und erst dann wieder in die Normallage bewegt. Beginnen Sie in der Fluglage (Heck, Seite oder Nase zum Piloten gerichtet), in der Sie sich am wohlsten fühlen und bringen Sie das Modell in zehn bis 15 Metern Höhe in einen sauberen Schwebeflug. Um sich bei den ersten Flipversuchen an das Flugverhalten des Helis zu gewöhnen, ist es sinnvoll, zunächst während der Figur ein wenig Höhe aufzubauen. So verhindern Sie zusätzlich auch, dass der Heli, falls Sie sich versteuern sollten, plötzlich stark an Höhe verliert und Sie in Panik geraten.

Schwebt der Heli sauber in der angedachten Position, folgt also zunächst ein Pitchinput, der den Heli in einen leichten Steigflug bringt. Sobald der Heli die ersten Höhenmeter gemacht hat, erfolgt ein beherzter Nickinput nach vorn oder hinten. Die Richtung hängt wieder von Ihrem persönlichen Empfinden ab. Dies dient natürlich lediglich der Eingewöhnungsphase. Um die Figur sauber zu beherrschen, müssen Sie sich ohnehin durch sämtliche Fluglagen und Fliprichtungen quälen. Um den Heli während des ersten halben Flips besser im Auge behalten zu können, empfiehlt es sich, die Drehung nicht mit Vollausschlag, also der maximal möglichen Drehrate, zu fliegen. In etwa die Hälfte der Maximaldrehrate stellt in der Regel einen guten Wert dar. Dreht Ihr Heli nun in einem halben Flip in die Rückenlage, müssen Sie den positiven Pitchinput zurücknehmen und in einen negativen Pitchinput verwandeln. Die Geschwindigkeit, mit der Sie den Pitchknüppel dabei von Positivpitch nach Negativpitch bewegen, entscheidet dabei darüber wie sauber das Modell auf der Stelle dreht. Ist der Ausschlag zu groß oder erfolgt zu schnell, wird der Heli bei der Drehung beginnen, in eine Richtung zu wandern und hat sich dann mit Erreichen der Rückenfluglage einige Meter vorwärts oder rückwärts von der ursprünglichen Position entfernt.

In der Praxis kann das beispielsweise wie folgt aussehen: Sie fliegen einen halben Nickflip nach vorn. Der positive Pitchinput wird dabei zu lang beibehalten bzw. zu spät reduziert. Der Heli wandert dadurch einige Meter nach vorn. Durch den verspäteten negativen Pitchinput verliert er außerdem an Höhe. Ihr Heli befindet sich mit Erreichen der Rückenfluglage also wesentlich weiter vorn und tiefer als ursprünglich angedacht. Würde man den Flip fertig fliegen und den Rhythmus des Pitchinputs beibehalten, würde sich dieser Effekt fortsetzen und der Heli würde beim Drehen in die Normallage erneut an Höhe verlieren und nach vorn wandern. Hier kommt es also wieder darauf an, ein Gefühl für das richtige Timing zu entwickeln. Versuchen Sie zunächst, den Heli in einer sauberen Linie aufsteigen zu lassen, ihn dabei auf der Stelle zu drehen und in der Rückenlage kurz abzustoppen.

“ Wie bei fast allen Manövern kommt es auch hier wieder auf das richtige Zusammenspiel und Timing von kollektiven und zyklischen Steuereingaben an.

Falls Sie sich beim Abstoppen in der Rückenlage nicht wirklich wohl fühlen, können Sie auch eine andere Methode anwenden: Fliegen Sie einen vollständigen Flip und verlangsamen kurz vor Erreichen der Rückenlage bzw. vorm erneuten Erreichen der Normallage jeweils ein wenig die Drehrate, indem Sie den Nickinput zurücknehmen. Dadurch verschaffen Sie sich ein wenig mehr Zeit, um sich an das richtige Timing und die Stärke des benötigten Pitchinputs heranzutasten. Vermutlich werden die ersten Flipversuche zunächst in einem deutlichen Hin- und Herwandern bzw. starkem Höhengewinn oder -verlust enden. Lassen Sie sich davon jedoch nicht entmutigen. Nach einigen Flips werden Sie sich an das richtige Timing gewöhnt haben und sollten in der Lage sein, Ihren Heli ohne größeren Höhengewinn oder Verlust auf der Stelle zu flippen. Üben Sie so lang, bis Sie in der Lage sind, mehrere Flips hintereinander und ohne Unterbrechung zu fliegen, ohne dass der Heli sich dabei zu weit von der Ausgangsposition entfernt.

Klappt das Flippen auf der Stelle, können Sie ruhig mal ein wenig mit dem Pitchtiming experimentieren. Durch gezieltes Versetzen des Pitchinputs können Sie ihren Heli nämlich kontrolliert flippend nach vorn und hinten so-

Der nach vorn »wandernde« Flip vorwärts:

wie unten und oben wandern lassen. In der Praxis sieht das dann so aus: Ihr Heli flippt vorwärts, also mit einem Nickinput nach vorn und soll sich dabei gleichzeitig nach vorn bewegen. Sie müssen nun also gleichzeitig mit dem Nickinput und einen relativ starken Pitchinput steuern, den Sie so lang beibehalten, bis der Heli durch die Nickdrehung fast in Rückenlage kommt und dadurch wieder Richtung Boden beschleunigt werden würde. Bis dahin hat Ihr Heli allerdings schon ein paar Meter nach vorn zurück gelegt. Nun müssen Sie das Pitch kurzzeitig in die Neutrallage bringen und den Heli weiter flippen lassen. Sobald der Heli über die Rückenlage hinaus ist, erfolgt wieder ein stärkerer negativer Pitchinput, der erst wieder bis auf Neutralpitch reduziert wird, wenn der Heli wieder kurz vorm Erreichen der Normallage ist. Wenn Sie diesen Rhythmus beibehalten, wird der Heli sich kontinuierlich nach vorn bewegen. Die Größe des Pitchinputs bestimmt dabei die Geschwindigkeit, mit der Ihr Modell sich bewegt. Das gleiche Steuerprinzip gilt natürlich auch für das Auf- beziehungsweise Abbauen von Höhe während eines Flips. Zum Aufbauen von Höhe muss lediglich ein stärkerer Pitchinput während der Neutrallage, respektive ein stärkerer Negativpitchinput während der Rückenlage beibehalten werden.

So wird er geflogen:

Gleichzeitig mit dem Nickinput wird ein relativ starker Pitchinput gesteuert, der so lang beibehalten wird, bis der Heli durch die Nickdrehung fast in Rückenlage kommt. Jetzt wird das Pitch kurzzeitig in die Neutrallage gebracht, während der Heli weiter flippt. Sobald er über die Rückenlage hinaus ist, erfolgt wieder ein stärkerer negativer Pitchinput, der erst wieder bis auf Neutralpitch reduziert wird, wenn der Heli kurz vorm Erreichen der Normallage ist. Fertig.

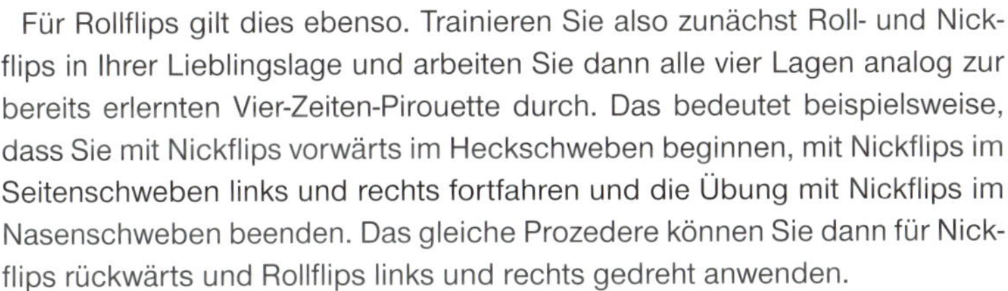

Für Rollflips gilt dies ebenso. Trainieren Sie also zunächst Roll- und Nickflips in Ihrer Lieblingslage und arbeiten Sie dann alle vier Lagen analog zur bereits erlernten Vier-Zeiten-Pirouette durch. Das bedeutet beispielsweise, dass Sie mit Nickflips vorwärts im Heckschweben beginnen, mit Nickflips im Seitenschweben links und rechts fortfahren und die Übung mit Nickflips im Nasenschweben beenden. Das gleiche Prozedere können Sie dann für Nickflips rückwärts und Rollflips links und rechts gedreht anwenden.

Wenn Sie all diese verschiedene Flip-Varianten sauber beherrschen, haben Sie sich schon ein beachtliches Repertoire an Figuren auf dem Weg zum 3D-Piloten erarbeitet. Sie können die Flips nun nämlich beliebig kombinieren und daraus neue Figuren zusammensetzen. So können Sie beispielsweise Nickflips und Rollflips kombinieren indem Sie zunächst einen Nickflip fliegen, dann eine 90-Grad-Drehung mit dem Heck durchführen und dann einen Rollflip fliegen und dies so lange fortführen, bis der Heli wieder in der Ausgangslage angekommen (also z. B. Nickflip, 90° Heck rechts, Rollflip, 90° Heck rechts, Nickflip, 90° Heck rechts, Rollflip, 90° Heck rechts). Wird diese Übung schnell und präzise ausgeführt, sieht sie für den außenstehenden Betrachter äußerst spektakulär aus.

Die Messerflug-Pirouette

Die Messerflug-Pirouette

Zum Abschluss dieser Episode folgt nun noch eine Fahrtfigur, die Eigenschaften von Flächenflugzeugen und Helis in sich vereint. Bei der Messerflug-Pirouette fliegt der Heli in einem Winkel von 20 bis 30° nach oben, wird in die Messerfluglage gedreht, beschreibt eine Pirouette und wird mit Erreichen der Ausgangshöhe wieder in die Normallage gedreht. Der Vorteil dieser Figur liegt darin, dass fast alle Steuereingaben nacheinander und in Ruhe erfolgen können. Fliegen Sie zunächst einen geraden Anflug in ca. 20 Metern Höhe mit mittlerer Geschwindigkeit. Ist das Modell zu langsam, kann der Heli nicht genügend Höhe aufbauen, die Pirouette muss zu schnell erfolgen und die Maschine wird vermutlich tiefer aus der Figur herauskommen, als sie in die Figur eingeflogen wurde. Fliegen Sie zu schnell, kann es passieren, dass die Heckleistung Ihres Helis nicht ausreicht und das Heck selbst bei Vollausschlag am Hecksteuerknüppel einfach stehen bleibt. Auf jeden Fall sollten Sie diese Figur nicht in der niedrigsten Drehzahlstufe fliegen, da die Heckleistung des Helis mit zunehmender Drehzahl steigt und somit die Gefahr eines stehenbleibenden Hecks verringert wird.

Fliegt der Heli nun mit der richtigen Geschwindigkeit Richtung Pilotenstandpunkt, müssen Sie ihn kurz vorm Erreichen des Standpunkts mit einem Nickinput in einen Steigflug im Winkel zwischen 20° und 30° bringen. Nun erfolgt ein Rollinput, und der Heli wird in die Messerfluglage gedreht. Dabei sollte möglichst gleichzeitig das Pitch in die Neutrallage gebracht werden. Auf Hö-

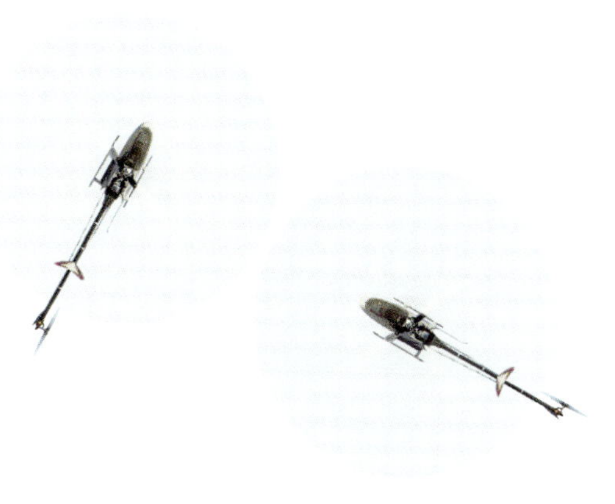

So wird sie geflogen:

Der Heli fliegt Richtung Pilotenstandpunkt. Kurz vor dem Erreichen des Standpunkts wird er mit einem Nickinput in einen Steigflug im Winkel zwischen 20° und 30° gebracht. Dann erfolgt ein Rollinput, der das Modell in die Messerfluglage dreht. Gleichzeitig wird Pitch in die Neutrallage gebracht. Auf Höhe des Pilotenstandpunkts erfolgt dann eine zügige Pirouette, die mit leicht nach unten (idealerweise mit dem gleichen Winkel, mit dem sie zuvor nach oben zeigte) beendet wird. Der Heli fällt nun noch ein klein wenig und wird dann durch einen Rollinput wieder in Normallage gedreht. Auf Ausgangshöhe erfolgt ein leichter Nickinput nach hinten, um ihn wieder auf eine gerade Flugbahn zu bringen. Dann wird das Pitch wieder in den positiven Bereich gebracht, um die Ausgangsgeschwindigkeit zu halten.

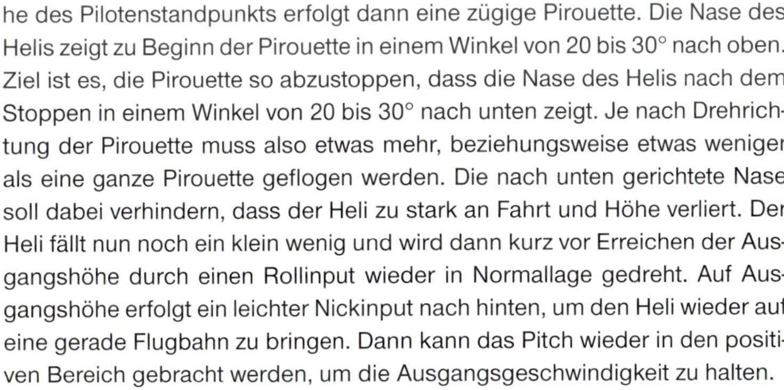

he des Pilotenstandpunkts erfolgt dann eine zügige Pirouette. Die Nase des Helis zeigt zu Beginn der Pirouette in einem Winkel von 20 bis 30° nach oben. Ziel ist es, die Pirouette so abzustoppen, dass die Nase des Helis nach dem Stoppen in einem Winkel von 20 bis 30° nach unten zeigt. Je nach Drehrichtung der Pirouette muss also etwas mehr, beziehungsweise etwas weniger als eine ganze Pirouette geflogen werden. Die nach unten gerichtete Nase soll dabei verhindern, dass der Heli zu stark an Fahrt und Höhe verliert. Der Heli fällt nun noch ein klein wenig und wird dann kurz vor Erreichen der Ausgangshöhe durch einen Rollinput wieder in Normallage gedreht. Auf Ausgangshöhe erfolgt ein leichter Nickinput nach hinten, um den Heli wieder auf eine gerade Flugbahn zu bringen. Dann kann das Pitch wieder in den positiven Bereich gebracht werden, um die Ausgangsgeschwindigkeit zu halten.

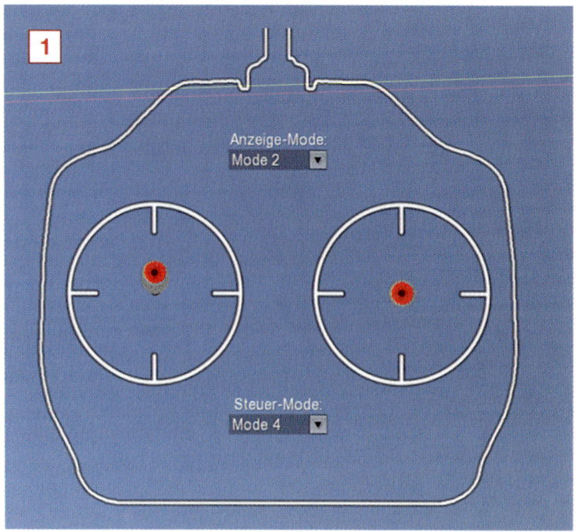

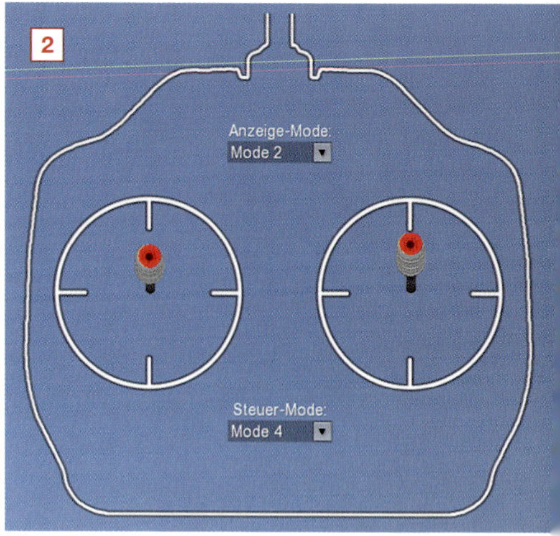

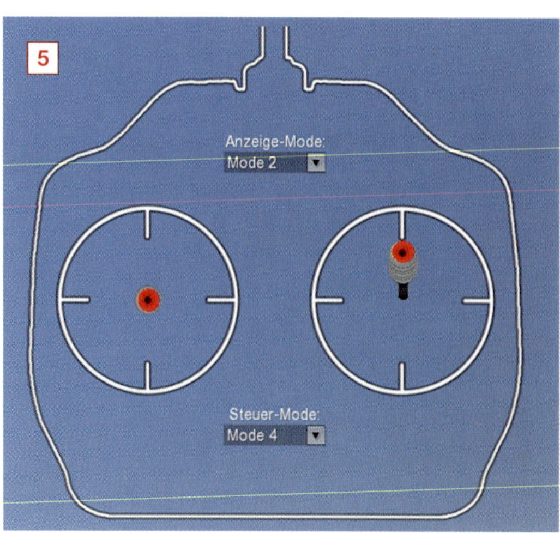

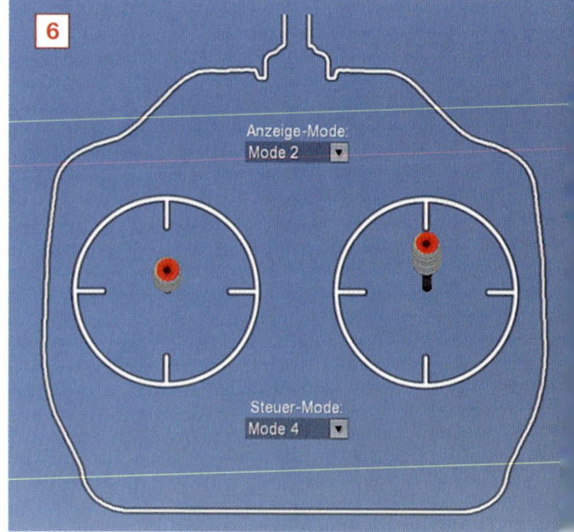

Um sich an diese Figur zu gewöhnen, können Sie den Heli zunächst einmal nur in den Messerflug bringen und das Flugverhalten beobachten. Lassen Sie die Nase des Helis leicht nach oben angestellt stehen, wird er relativ schnell an Geschwindigkeit verlieren und sinken. Drehen Sie die Nase des Helis ein klein wenig nach unten, sobald Sie eine Verringerung der Geschwindigkeit bemerken, wird der Heli nur noch leicht sinken und die Geschwindigkeit bleibt konstant. Beim Üben sollten Sie außerdem ein Auge auf die korrekte Pitchstellung während der Messerflugphase haben. Steht das Pitch nicht genau in der Mitte, wird der Heli sich während des Messerflugs entweder auf Sie zu oder von Ihnen weg bewegen. Auch der Wind spielt natürlich wieder eine Rolle. Rücken- oder Gegenwind sind dabei kaum spürbar. Bei Seitenwind muss jedoch durch

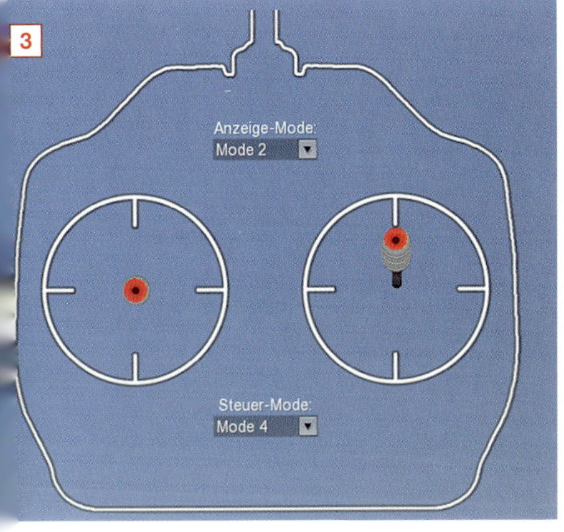

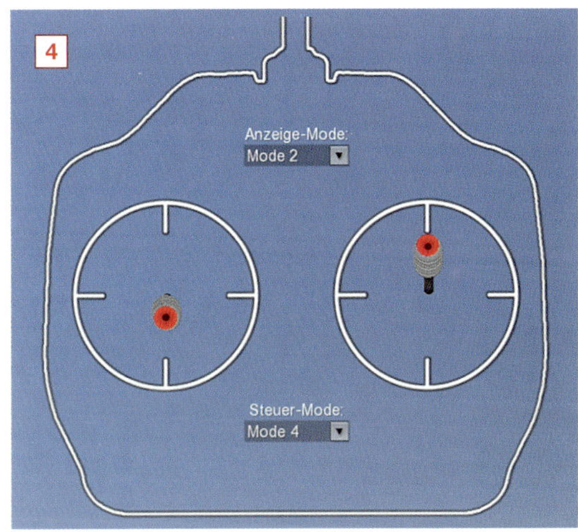

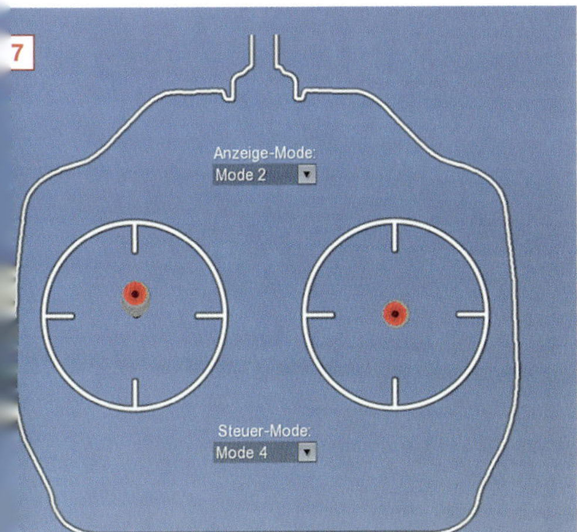

Flip auf der Stelle vorwärts:

Ausgehend vom ruhigen Schwebeflug in ausreichender Höhe [1] wird zunächst das Pitch etwas erhöht, um das Modell leicht nach oben zu beschleunigen und gleichzeitig bereits ein Nickinput noch vorn gegeben, der während des gesamten Manövers bestehen bleibt [2]. Der Pitchinput wird während der Bewegung langsam reduziert, ist während der Senkrechten (Nase nach unten) idealerweise auf Null [3] und wird dann weiter auf etwa negatives »Schwebepitch« reduziert, bis das Modell auf dem Rücken liegt [4]. Während das Modell weiter deht, wird das Pitch wieder Richtung positiv bewegt. In der Senkrechten (Nase nach oben) steht Pitch wieder etwa auf Neutral [5] und wird dann weiter Richtung Positiv-Schwebepitch bewegt [6]. Sobald das Modell wieder in Normallage ist, wird der Nickknüppel neutralisiert [7]. Fertig!

eine entsprechende Pitchstellung während der Messerflugphase ausgesteuert werden. Drückt der Wind den Heli beispielsweise auf Sie zu, müssen Sie, sofern die Oberseite des Rotors zu Ihnen zeigt, mit leichtem Negativpitch dagegen halten. Entsprechend großräumig geflogen lässt die Messerflug-Pirouette Ihnen jedoch genügend Zeit, die einzelnen Steuereingaben und Korrekturen nacheinander auszuführen und damit eine spektakuläre, hubschraubertypische Figur an den Himmel zu zaubern. In diesem Sinne wünsche ich Ihnen viel Spaß beim Training der neuen Figuren. Machen Sie nichts kaputt!

■

BLADE

7 | »Goldenes M« und Rückenschweben

Ich hoffe, Sie sind nach wie vor mit Spaß und Freude am Trainieren unserer Flugfiguren und bislang von größeren Crashs verschont geblieben. Und selbst wenn es mal gekracht haben sollte gilt: Locker bleiben, aufstehen, den Staub abklopfen, den Fehler/Schaden analysieren und einfach weitermachen. Und das Allerwichtigste: Es ist überhaupt nicht schlimm, wenn man sich mal versteuert. Das passiert JEDEM Piloten, auch den Allerbesten! Man muss es nur zugeben können! Nachdem wir mittlerweile relativ viele neue Figuren gelernt haben, wird es Zeit, sich wieder einmal den Basics zu widmen. Sie haben bisher einige Figuren mit kurzen Rückenflugpassagen geübt. Nun sollten Sie lernen, den Heli auch auf dem Rücken in jeder Lage sicher zu beherrschen, um so während anspruchsvollerer Figuren sauber aussteuern zu können.

Das »goldene M«

Beginnen werden wir allerdings mit ein Figur zum Auflockern: dem »goldenen M«. Die Figur ähnelt, korrekt geflogen, dem Markenzeichen einer recht bekannten Fastfood-Kette. Im Prinzip ist es ein kompletter Rollüberschlag mit einem Stop in der Rückenlage, bei dem der Heli mit Pitch seitlich versetzt wird. Begonnen wird die Figur in ca. fünf bis zehn Metern Höhe mit leichtem seitlichem Versatz zum Pilotenstandpunkt. Schweben Sie den Heli dabei zunächst mit dem Heck zu Ihnen gerichtet. Ein Sicherheitsabstand von ca. 15 Metern sollte ausreichen. Das Modell soll nun ein »M« beschreiben, wobei der Heli sich idealerweise beim Erreichen der Rückenlage auf Höhe des Pilotenstandpunkts befinden sollte. Mit dem Ende der Figur befindet der Heli sich wieder in Normallage und hat nun einen seitlichen Versatz auf der anderen Seite des Pilotenstandpunkts. Wurde alles korrekt geflogen, ist der seitliche Versatz auf beiden Seiten des Pilotenstandpunkts gleich groß und der Heli hat die gleiche Höhe wie zu Beginn der Figur.

Das »goldene M« kann natürlich in verschiedenen Variationen geflogen werden. Mit dem Heck zum Piloten gerichtet, von links nach rechts oder umgekehrt; mit der Nase auf den Piloten gerichtet, von links nach rechts oder umgekehrt. Und dann wären da noch die beiden Versionen dieser Figur in Rückenlage. Natürlich besteht auch die Möglichkeit, eine Variante mit Nickflips zu generieren. Hier soll es jedoch in erster Line um die Rollflip-Variante mit dem Heck zum Piloten gerichtet gehen.

Wie wird die Figur nun also geflogen? Stellen wir uns vor, der Heli schwebt links seitlich versetzt vom Piloten. Aus dem Schwebeflug erfolgt nun ein kräftiger positiver Pitchinput, um den Heli in den Steigflug zu bringen. Gleichzeitig erfolgt ein zunächst noch recht schwacher Rollinput nach rechts. Der Heli schwebt nun also nach oben und nähert sich durch den Rollinput langsam dem Pilotenstandpunkt an. Kurz bevor der Heli die Hälfte der Strecke zwischen Startpunkt und Pilotenstandpunkt erreicht hat, muss der Rollinput so verstärkt werden, dass der Heli mit Erreichen der Hälfte der Strecke eine Schräglage von 90 Grad erreicht hat. Dieser Punkt stellt dann auch den Scheitelpunkt des ersten Bogens des »M« dar. Der Rollinput wird nun beibehalten und erst kurz nach dem Passieren des Scheitelpunkts wieder leicht zurückgenommen. Positivpitch bleibt ebenfalls bis kurz nach dem Scheitelpunkt erhalten und wird erst reduziert beziehungsweise in Negativpitch umgekehrt, wenn der Heli kurz vorm Erreichen des Pilotenstandpunkts ist.

Wichtig ist vor allem, dass der Heli nach dem Passieren des Scheitelpunkts über Roll nicht vollständig in die Rückenfluglage gedreht wird. Ist dies nämlich der Fall, stoppt der Heli seine Seitwärtsbewegung zu früh ab und kommt noch vor dem Pilotenstandpunkt zum Stehen. Der Rollinput für eine den ersten Teilbogen des Ms verläuft also im Prinzip auch »bogenförmig«. Zunächst ein kleiner Input der allmählich verstärkt wird, mit dem Scheitelpunkt des Bogens seinen maximalen Ausschlag erreicht und dann allmählich wieder auf Null zurückgefahren wird. Pitch verhält sich quasi analog dazu. Aus dem Schwebepitch erfolgt ein stetig größer werdender Input, der mit dem Überschreiten des Scheitelpunkts zurückgenommen wird und mit dem Ende des ersten Teilbogens in negativem Schwebepitch endet. Sofort nachdem der Heli vor dem Piloten in Rückenlage zum Schweben gekommen ist, erfolgt ein negativer Pitchinput in Kombination mit einem leichten Rollinput nach rechts, um den Heli nach rechts zum zweiten Teilbogen aufsteigen zu lassen. Der Steuerinput auf Roll erfolgt dabei absolut analog zum ersten Teilbogen. Lediglich der Steuerinput auf Pitch verläuft umgekehrt, da diesmal natürlich mit Negativpitch begonnen wird.

Dank der Heading-Lock-Funktion müssen Sie das Heck bei dieser Figur nicht großartig beachten da es, sofern kein bewusster Input gesteuert wird, seine Lage nicht verändern sollte. Erhöhte Aufmerksamkeit sollte man allerdings der Nickfunktion widmen, da man hierüber ein eventuelles Abwandern des Helis nach vorn oder hinten während der Figur verhindern kann. Dabei sollte man allerdings beachten, dass sich die Nickwirkrichtung jeweils mit dem Passieren der Scheitelpunkte der beiden Bögen umkehrt, da der Heli sich nun in die Rückenfluglage dreht. Wie Sie sehen, wird es also langsam immer wichtiger, den Heli in der Rückenlage zu beherrschen, um so wirklich gezielt aussteuern zu können. Versuchen Sie, die Bögen beim

“Das »goldene M« kann natürlich in verschiedenen Variationen geflogen werden. Mit dem Heck zum Piloten gerichtet, von links nach rechts oder umgekehrt; mit der Nase auf den Piloten gerichtet, von links nach rechts oder umgekehrt.

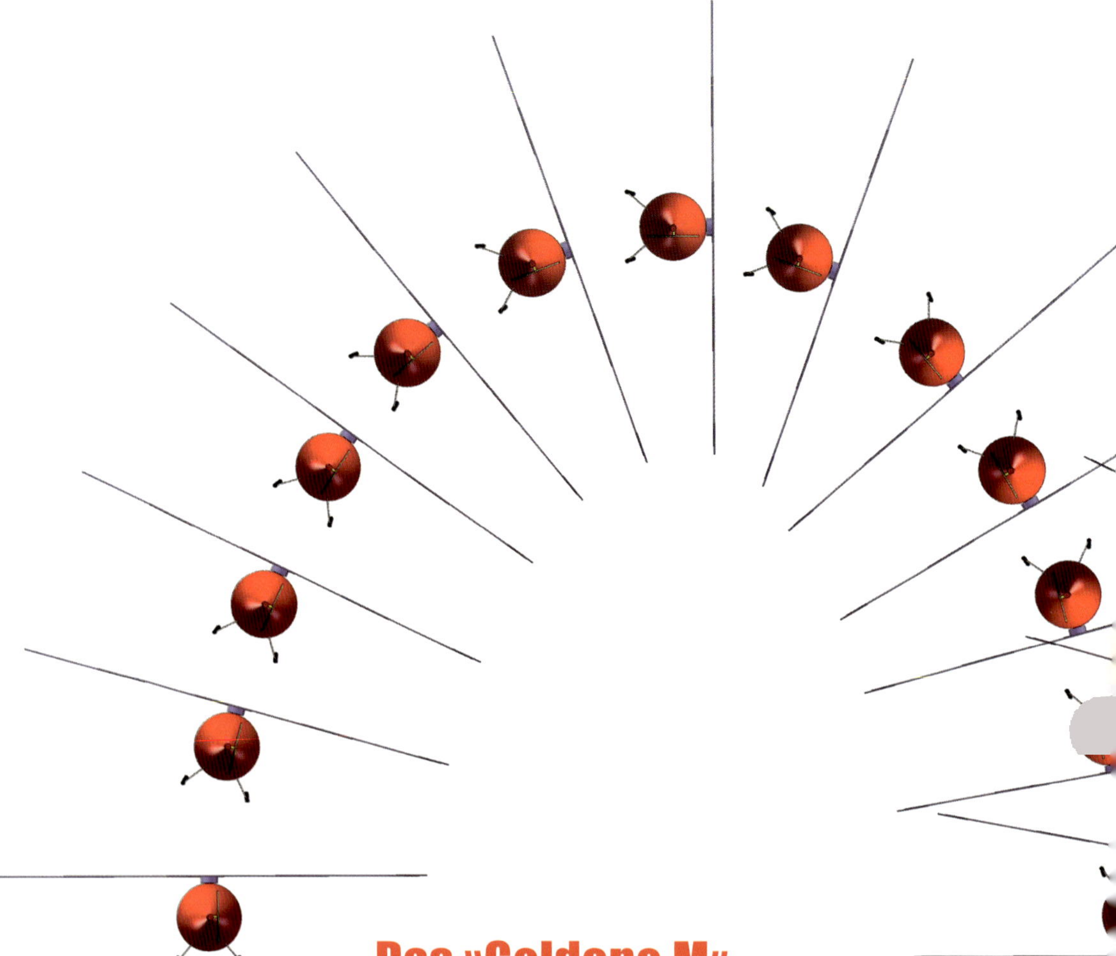

Das »Goldene M«

So wird es geflogen:

Bei dieser Figur wird der Heli durch geschicktes Pitchtiming während eines Seitwärtsüberschlags in Rollrichtung versetzt. Gesteuert wird eigentlich nur über Roll und Pitch. Eventuell muss man aber leichte Abweichungen in der Tiefe mit Nick ausgleichen.

Training zunächst recht groß und langsam zu fliegen. Auch ein wenig mehr Höhe kann nicht schaden. Sobald Sie in der Lage sind, diese Figur sauber und platziert zu fliegen, können Sie die Bögen ein wenig enger und die Verweildauer auf den einzelnen Positionen ein wenig kürzer machen. Mit der Zeit werden Sie dadurch in der Lage sein, den Heli quasi wie einen Flummy von links nach rechts und wieder zurück »hupfen« zu lassen.

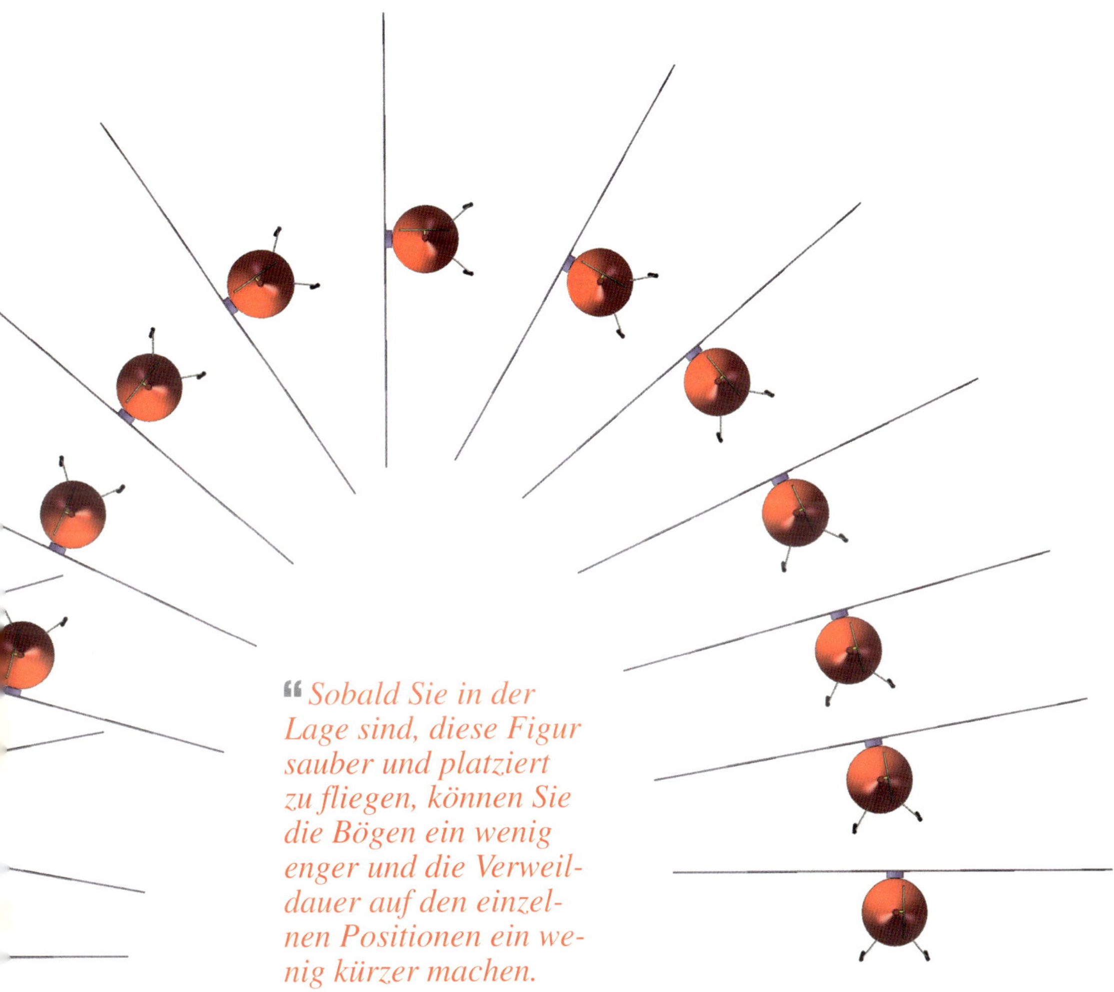

"Sobald Sie in der Lage sind, diese Figur sauber und platziert zu fliegen, können Sie die Bögen ein wenig enger und die Verweildauer auf den einzelnen Positionen ein wenig kürzer machen.

Rückenschweben

Wie wir aber nun eben gelernt haben, sollten wir unseren Heli so langsam auch mal in der Rückenlage perfekt beherrschen. Die erste Basisübung heißt daher analog zum Beginn der Flugübungen in Normallage: Schweben in allen Lagen. Beginnen Sie dazu in ausreichender Sicherheitshöhe und ausreichendem Sicherheitsabstand, indem Sie ihren Heli mit dem Heck zu sich schweben und ihn dann mit einem Rollflip in die Rückenlage drehen. Versuchen Sie zunächst, ihn in dieser Lage zu stabilisieren und eine Zeit lang so zu halten. Falls etwas schief geht und er in eine unkontrollierte Lage gerät, gilt: Ruhig bleiben und den Heli über Roll oder Nick in die Normallage drehen. Ganz wichtig dabei ist, Pitch während der Drehung möglichst

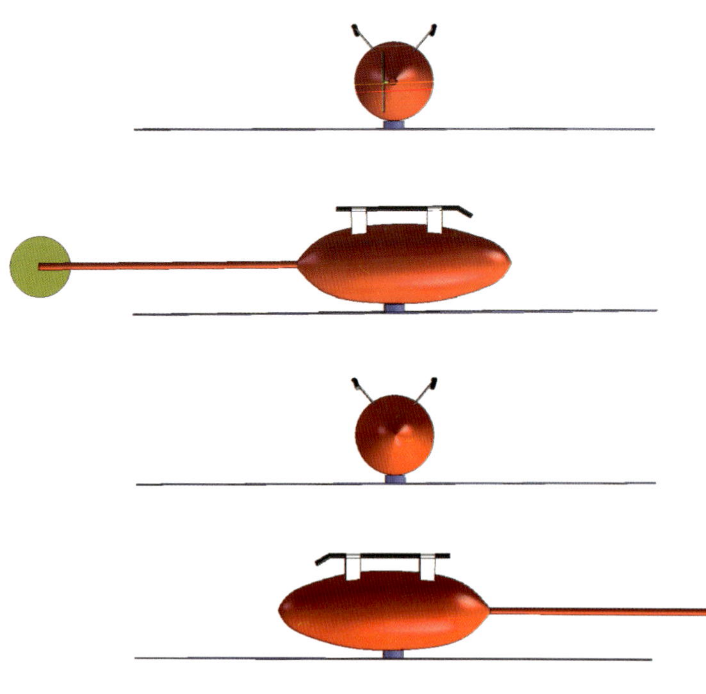

Die Vier-Zeiten-Rückenpirouette

So wird sie geflogen:

Die Krönung der Modellbeherrscgung im stationären Rückenschweben ist die Vier-Zeiten-Pirouette. Zur besseren Darstellung sind deren einzelnen Phasen übereinander dargestellt. Los geht es mit dem auf dem Rücken schwebenden Heli, dessen Heck Richtung des Piloten zeigt (oben). Nach einem kurzen Schwebeflug wird das Modell durch Einsteuern von Heck Links um 90 Grad gedreht, so dass seine linke Seite zum Piloten zeigt. Nach einer weiteren Schwebeflugphase erfolgt ein erneuter Steuerausschlag, und die Nase des Helis zeigt zum Piloten. Es folgt abermals eine Pause, nach der das Heck um weitere 90 Grad gedreht wird, so dass der Pilot auf seine rechte Seite sieht. Nach der letzten Pause folgt schließlich die letzte Drehung in die ursprüngliche Fluglage.

exakt auf Null zu halten, um dem Modell nicht noch zusätzlich Geschwindigkeit in eine bestimmte Richtung zu geben.

Klappt das Schweben auf der Stelle mit dem Heck zu Ihnen gerichtet, können Sie versuchen, mit dem Heli kleine Strecken über Nick und Roll zu schweben. Lassen Sie ihn dabei also von links nach rechts, vor und zurück und umgekehrt schweben. Sobald Sie die erste Rückenfluglage beherrschen, können Sie sich dem Rückenseitenschweben in beiden Lagen widmen und die eben beschriebenen Übungen analog dazu durchführen. Als Letztes folgt dann noch der Rückennasenflug. Vermutlich werden Sie eine ganze Weile brauchen bis die einzelnen Steuerrichtungen in den vier verschiedenen Lagen verinnerlicht haben. Beherrschen Sie dies jedoch perfekt, haben Sie schon einen großen Teil des 3D-Flugs in der Tasche. Als kleine Hilfe können Sie sich schon einmal merken, dass das Heck in der Rückenfluglage generell immer umgekehrt gesteuert werden muss. Um Ihnen noch eine kleine Orientierungshilfe an die Hand zu geben, stelle ich hier einmal die einzelnen Steuerkommandos in den vier verschiedenen Lagen und ihre jeweilige Wirkrichtung zusammen.

Rückenflug mit Heck zum Piloten gerichtet

→ Positiver Pitchinput: Heli sinkt
→ Negativer Pitchinput: Heli steigt
→ Nickinput nach vorn: Heli bewegt sich auf den Piloten zu
→ Nickinput nach hinten: Heli bewegt sich vom Piloten weg
→ Rollinput nach links: Heli bewegt sich nach links
→ Rollinput nach rechts: Heli bewegt sich nach rechts

Rückenflug mit Nase nach links gerichtet

→ Positiver Pitchinput: Heli sinkt
→ Negativer Pitchinput: Heli steigt
→ Nickinput nach vorn: Heli bewegt sich nach rechts
→ Nickinput nach hinten: Heli bewegt sich nach links
→ Rollinput nach links: Heli bewegt sich auf den Piloten zu
→ Rollinput nach rechts: Heli bewegt sich vom Piloten weg

Rückenflug mit Nase nach rechts gerichtet

→ Positiver Pitchinput: Heli sinkt
→ Negativer Pitchinput: Heli steigt
→ Nickinput nach vorne: Heli bewegt sich nach links
→ Nickinput nach hinten: Heli bewegt sich nach rechts
→ Rollinput nach links: Heli bewegt sich vom Piloten weg
→ Rollinput nach rechts: Heli bewegt sich auf den Piloten zu

Rückennasenflug

→ Positiver Pitchinput: Heli sinkt
→ Negativer Pitchinput: Heli steigt
→ Nickinput nach vorn: Heli bewegt sich vom Piloten weg
→ Nickinput nach hinten: Heli bewegt sich auf den Piloten zu
→ Nickinput nach links: Heli bewegt sich nach rechts
→ Nickinput nach rechts: Heli bewegt sich nach links

Diese Übungen mögen auf Sie zunächst ein wenig stupide wirken; Sie erzielen damit jedoch innerhalb kürzester Zeit eine große Wirkung, da Sie, sofern Sie sie beherrschen, perfekt für alle weiteren Übungen gerüstet sind und auch der Rückenrundflug keine größere Hürde mehr für Sie darstellen wird. In diesem Sinne wünsche ich Ihnen viel Vergnügen beim erneuten Erlernen des Schwebens. ■

COPTER SCHOOL ZUG

www.copterschool.ch

Die Copter School Zug von Attila Varga gibt es seit Januar 2013. Neben Einzelunterricht (vom absoluten Anfänger bis hin zum fortgeschrittenen 3D-Piloten), wird auch Gruppenunterricht in Form von Tagesworkshops bis zu drei Personen angeboten – das Schulungsangebot konzentriert sich dabei auf Sport- und 3D-Flug. Aktuell sind 13 Modellhelikopter der Marken SAB, Mikado, Thunder Tiger, Henseleit, Synergy, Compass und Align flugfertig; geschult wird an Futaba- und Spektrum-Fernsteuerungen. Als Flybarless-Systeme kommen die Systeme von Mikado, Futaba, MSH sowie bavarianDEMON zum Einsatz. Attila Varga ist es wichtig, dass der Kunde nicht nur fliegen lernt, sondern auch die Möglichkeit bekommt, die für ihn passende Marke und Komponenten zu finden.

Attila Varga legt besonderen Wert darauf, dass auftretende Fehler bei der Flugschulung frühzeitig analysiert und dem Schüler Lösungen verständlich vermittelt werden, um so besser Lernfortschritte erzielen zu können. Die Flugschule ist dabei offen für Flugschüler mit Handicap – denn fliegen kann jeder, so die Kernaussage der COPTER SCHOOL.

Einzelne Workshops können individuell vom Kunden zusammengestellt werden – ein Großteil der Themeninhalte bezieht sich jedoch auf die Themen, die auch geschult werden. Daneben werden Workshops zum Thema Angst & Stress beim Fliegen abbauen, effektiv trainieren, Flybarless-Systeme – einbauen & konfigurieren, Sender- und Modell-Tuning sowie Modellhelikopter bauen und binstellen angeboten. Es gibt zwei Schulungsorte mit privatem Flugfeld im Kanton Zug (Schweiz), bei Bedarf schult die COPTER SCHOOL jedoch auch auf Flugplätzen des Kunden.

Einmal im Jahr wird das Copter Boot Camp in Ungarn angeboten, bei dem täglich Flugschulungen und von Schülern vorgeschlagene Workshops (wie z.B. Autorotation, 3D-Fliegen, Einstellen sowie Programmieren der Elektronik) durchgeführt werden.

Einzelflugstunden werden ab SFr 86,– angeboten, Tagesworkshops für drei Personen ab SFr 520,–. Zusätzlich werden Abos angeboten, die den Stundenpreis deutlich reduzieren. Eine Telefon-Hotline für aktive Flugschüler steht ebenfalls zur Verfügung.

Weitere Infos:

Internet	www.copterschool.ch
E-Mail	attila@copterschool.ch
Telefon	+41 76 343 29 81

HELIKOPTER BAUMANN

www.modellhubschrauber.ch

Die Firma Helikopter Baumann wurde 1997 gegründet. Neben einem Modellbau-Fachandel mit Onlineshop und der Produktion von Rumpfmodellen werden auch Flugschulungen angeboten; zusätzlich bietet Helikopter Bauman eine Einstellhilfe für Modellhelikopter an. Die Schulungen werden auf dem firmeneigenen Schulungsflugplatz in der Nähe des Thunersee durchgeführt. In der aktuellen Schulungsflotte befinden sich neben einem GAUI X5 und X7 noch ein Logo 600. Die Preise pro Flugstunde (Schweben/Rundflug) beginnen ab SFr 90,–. Neben typischen Einsteiger-Tutorials sind auch Lektionen wie Looping/Rolle oder Rückenschweben/Autorotation buchbar.

Weitere Infos:

Internet	**www.modellhubschrauber.ch**
E-Mail	**info@modellhubschrauber.ch**
Telefon	**+41 31 812 42 42**

MICHAEL GSTÜR HELICOPTER

www.mghelicopter.at

Seit mittlerweile 35 Jahren baut und fliegt Michael Gstür Modellflugzeuge. Sein Angebot umfasst nicht nur Flugschule und Seminare, sondern auch eine Kaufberatung, professionelle Designlackierungen sowie einen kompletten Aufbau- und Reparaturservice rund um den Modellhelikopter. Gewählt werden kann bei der Flugschulung zwischen zwischen 1-, 3- oder 5-Tages-Seminaren; die Themeninhalte stellen die Flugschüler zusammen mit Michael Gstür zusammen. Gerade für Einsteiger, die zuerst einmal in die Materie Modellhelikopter reinschnuppern wollen, bietet sich ein 1-Tages-Semiar an (ab € 125,–).

Geschult wird mit Helis bis 1.800-mm-Rotordurchmesser der Marken Mikado, Hirobo, Kasama, Align, ThunderTiger, Flitework sowie Compass Model an Futaba-Fernsteuerungen. Neben diversen Basisseminaren bietet Michael Gstür auch Turbinenflug- sowie Bau- und Turbinen-Semiare an. Beim Turbinen-Semiar wird nicht nur auf das Funktionsprinzip einer Turbine und worauf es beim Einbau und im Betrieb zu achten ist eingegangen, sondern auch auf sicherheitsrelevanten Themen. Als Schulungsmodell für das Turbinenflug-Seminar dient ein SSM MG-Turbinentrainer mit 1.800 mm Rotordurchmesser. Ziel des Bauseminars ist nicht nur der Aufbau des eigenen Modellhubschraubers, sondern auch die mechanische und elektronische Einstellung sowie das Einfliegen des Modells.

Das Schulungsgelände liegt direkt im Herzen der beeindruckenden Salzburger Naturlandschaft mit mehreren Badeseen in der Umgebung und bietet die perfekte Basis für einen Erholungsurlaub; diverse Übernachtungsmöglichkeiten sind auf der Webseite aufgelistet.

Weitere Infos:

Internet	**www.mghelicopter.at**
E-Mail	**office@mghelicopter.at**
Telefon	**+43 664 244 10 80**

WWW.RC-HELISCHULE.CH

www.rc-helischule.ch

Vom Schweben über Kunstflug bis hin zu 3D-Figuren: Das Angebot der rc-helischule rund um Fluglehrer Stefan Segerer deckt alle Facetten des Modellhelikopterfliegens ab. Neben den Standorten Zürich/Winterthur, Dulliken und München ist die Flugschule zusätzlich mit einer Reiseflugschule unterwegs, um z.B. Vereine direkt auf dem heimischen Flugplatz besuchen zu können. Das Angebot beinhaltet Einzel- und Gruppenflugstunden (ab SFr 90,–), Mehrtages-Seminare, Programmierkurse, Heliurlaub sowie einen Einstellservice. Neu im Angebot ist das Autorotations- und Paniksemiar, bei dem intensiv die Themen Autorotation und das Verhalten in Notsituationen behandelt werden (Teilnehmerzahl auf vier Personen begrenzt/Preis pro Person sFr 539,–).

Weitere Infos:

Internet	**www.rc-helischule.ch**
E-Mail	**info@rc-helischule.ch**
Telefon	**+41 76 348 1730**

Nach Absprache können mit mit einigen Helis auch Test- bzw. Schnupperflüge durchgeführt werden. Zur Auswahl stehen hier die Modelle der Firmen Compass Models, SAB und Henseleit ThreeDee RIGID – diese werden auch als Schulungsheli eingesetzt.

Um besser auf die individuellen Bedürfnisse und Wünsche der Flugschüler eingehen zu können, bietet die rc-helischule.ch auch diverse Seminare wie z.B. ein 2-Tages-Helisemiar an (Teilnehmerzahl max. 3 bis 4 Personen, SFr 445,–/Person) – hier kann der Lernerfolg Schritt für Schritt aufgebaut und gefestigt werden.

Bereits seit 2010 veranstaltet die rc-Helischule jährlich Heli-Camps auf Mallorca und Gran Canaria, das Hobby und Urlaub miteinander verbinden soll (www.rc-helitours.com) – ein besonderer Programmpunkt ist dabei die Nachtflugschulung am Strand.

RC Freestyle

www.rc-freestyle-shop.ch

Effizient und zielorientiert einen Modellhelikopter selbständig und vor allem sicher fliegen! Mit diesem Ziel vor Augen will die Flugschule RC Freestyle ihren Schülern das Thema Modellhelikopter näher bringen. Firmeninhaber Roger Bürge fliegt seit über 15 Jahren Modellhelikopter und nahm zudem aktiv an F3C-Wettbewerben teil.

RC Freestyle bietet sowohl Einzel- als auch Gruppenschulungen mit JR Forza 700, Mikado Logo 600SX sowie Futaba, JR und Spektrum-Fernsteuerungen an.

Besonderen Wert legt Roger Bürge dabei auf strukturierte Lektionen, die sich in Anfänger (Starten, Landen und Schweben), Fortgeschritten (Rundflug, Loopings, Rollen, Autorotation etc.) sowie Könner (erweiterter Kunstflug, Rückwärtsfliegen, Flips etc.) untergliedern. Eine Lektion umfasst dabei drei Trainingsflüge und dauert ca. 50 bis 60 Minuten (ab SFr 80,–); um einzelne Lektionen zu vertiefen und zu festigen, sind Tageskurse und Abos buchbar.

Ergänzend zur Flugschulung werden auch Workshops und Seminare angeboten. Diese beinhalten z.B. die Themen: Flybarless-Systeme (insbesondere VStabi), Einstellung von Nitro-Motoren sowie Grundeinstellungen und Optimierungen am Heli. Geschult werden kann auf zwei Schulungsplätzen: Einmal in Kaltbrunn (CH) sowie auf dem Trainingsplatz in Uznach (CH); auf Wunsch besucht RC Freestyle ihre Schüler auch. Neben der Flugschule bietet RC Freestyle auch einen Bau- und Einstellservice an.

Weitere Infos:

Internet	**www.rc-freestyle-flugschule.ch**
E-Mail	**info@rc-freestyle.ch**
Telefon	**+41 55 212 92 00**

FLUGBOX.CH

www.flugbox.ch

Das Team der Flugbox AG verfügt über jahrelange Modellbau- und Flugerfahrung in den Bereichen Helikopter und Flächenflug. Neben einem Modellbaugechäft mit über über 300 Quadradmetern bietet die Firma auf dem firmeneigenen Fluggelände in Willisau Flugschulungen sowie einen Einflug- und Einstellservice an. Die Flugbox ist auch als Reiseflugschule unterwegs - neuerdings werden auch Schulungen in Deutschland und Österreich durchgeführt.

Eine Flugschullektion dauert ca. 50 Minuten, wobei der Schüler mindestens 40 Minuten mit dem Modell in der Luft ist. Neben dem Fliegen ist es dem Team rund um Reto Marbach wichtig, dass der Schüler den richtigen Umgang mit dem Modell erlernt. Der Flugschulbetrieb wird jeweils von Dienstag bis Samstag nach Terminvereinbarung durchgeführt. Geflogen wird mit dem Material der Flugbox; auf Wunsch kann auch mit dem eigenen Heli geflogen werden. Als Schülersender kommen Pult- und Handsender im Mode 1, 2, 3 und 4 zum Einsatz

Neben den Standardlektionen (Grundschule, Akro, Autorotation etc.) beinhaltet das Flugschulangebot auch Module für Scale-Piloten. So wird z.B. bei der »Turbinen-Flugstunde« mit einem 2,5-Meter-Jet Ranger geschult, der mit einer JetCat SPT5-H betrieben wird. Das zweite Modul »Scale-Heli« wird mit einer neuen Bell 222 mit Elektroantrieb angeboten. Hier lernt der Schüler, wie ein Modell »scale-like« gesteuert wird, so dass es sich im Flug kaum mehr vom Original unterscheidet. Neben den Scale-Modellen kommen für die Schulung u.a. Modelle von JR und Mikado zum Einsatz. Zusätzlich finden sich im Angebot der Flugbox noch Workshops und Seminare zu den Themen Basiswisssen, Programmierung und Elektronik. Die Preise für Flugschulung und Workshops sind auf der Webseite publiziert.

Weitere Infos:

Internet	**www.flugbox.ch**
E-Mail	**info@flugbox.ch**
Telefon	**+41 971 02 02**

Deutschland

Modellflugschule Homuth
D-23611 Bad Schwartau, Telefon: +49 451 / 28 27 43, Internet: www.modellflugschule.de

SE-Heliflugschule
D-31157 Sarstedt, Telefon: +49 5066/9022991, Internet: www.se-heliflugschule.de

CSK Modellbau
D-51515 Kürten, Telefon: +49 2207/706822, Internet: www.csk-modellbau.de.de

Bernd Pöting Modellflugschule
D-57258 Freudenberg, Telefon +49 2734/40833, Internet: www.poeting1.de

Modellflugschule 2000
D-67346 Speyer, Telefon: +49 6232/677744, Internet: www.modellflugschule2000.de

SMG Helischule
D-72141 Walddorfhäslach, Telefon: +49 7127/3666, Internet: www.smg-helischule.de

Modellflugschule Teck
D-73252 Lenningen, Telefon: +49 7026/370025, Internet: www.modellflugschule-teck.de

Helischule Gonzales
D-81479 München, Mobil: +49 151 70081833, Internet: www.helischule-gonzalez.de

inkos Modellsport
D83707 Bad Wiessee, Telefon: +49 8022/83340, Internet: www.hubschrauber.de

Modellbau Vordermaier
D-85521 Ottobrunn, Tel.: +49 089/608 50 777, Internet: www.modellbau-vordermaier.de

Modellflugschule Dachau
D-85221 Dachau, Telefon: +49 8131/983734, Internet: www.modellflugschule-dachau.de

Schweiz

A.L.K Modellbau & Flugschule
CH-5303 Würenlingen, Telefon: +41 56 245 77 31, Internet: www.alk.ch

Hugo's Flugschule
CH-8330 Pfäffikon, Telefon: +41 44 950 2255, Internet: www.hugos-helischule.ch

Österreich

Modellflugschule Freeflight
A-3552 Lengenfeld, Telefon: +43 676/9510795, Internet: www.modellflugschule-freeflight.at

heligarage.at
A-8181 St. Ruprecht a. d. Raab, Telefon: +43 664/1273799, Internet: www.heligarage.at

Unsere Auflistung an Flugschulen in Deutschland, Österreich und der Schweiz gibt nur eine Auswahl wieder und erhebt keinen Anspruch auf Vollständigkeit.

8 | Rainbows und Tic Toc

Wie läuft es denn so mit dem Rückenflug? Falls Sie sich wieder wie ein Anfänger vorkommen sollten, ist das noch lange kein Grund zu verzweifeln. Ihr Kopf muss sich wieder völlig neu auf die für den Rückenflug nötigen Steuereingaben einstellen. Grundsätzlich fliegt sich ein Hubschrauber im Rückenflug zwar nicht wirklich anders als in der Neutrallage, es braucht aber einfach seine Zeit, bis man sich an die veränderte Ansicht des Helis auf dem Rücken gewöhnt hat und auch kleinste Bewegungen sofort in die richtigen Korrekturbefehle umsetzen kann. Lassen Sie sich daher also genügend Zeit, um die Rückenflugübungen zu festigen. Sie werden sehen, dass Sie durch die häufigen Wiederholungen einen wesentlich saubereren und ruhigeren Flugstil entwickeln werden.

Als Entschädigung für die teilweise recht drögen »Anfängerübungen« auf dem Rücken beschäftigen wir uns in dieser Folge wieder mit Figuren, die ein wenig mehr den »Wow-Effekt« bei den Zuschauern hervorrufen werden. Zum einen, weil sie einfach schön anzuschauen sind, und zum anderen, weil sie physikalisch teilweise unmöglich erscheinen. Sie werden nämlich lernen, wie man die beliebten Rainbows und Tic Tocs fliegt.

Diese gehören, auch wenn sich das für Sie eventuell ein wenig merkwürdig anhören dürfte, zu den Figuren, die man relativ leicht durch einfaches Auswendiglernen der Steuerabfolgen erlernen kann. Der berühmte Piroflip gehört im Übrigen auch dazu. Verstehen Sie mich bitte nicht falsch, diese Figuren zählen keinesfalls zu den leichten. Ihr grundsätzlicher Ablauf ist aber immer gleich und kann daher im Prinzip stumpf auswendig gelernt werden.

Dies birgt natürlich auch eine gewisse Gefahr. Ich habe schon oft Piloten gesehen, die einigermaßen in der Lage waren, einen Tic Toc oder Piroflip zu fliegen, bei einer Vierzeiten-Pirouette oder einem Viereck auf dem Rücken aber regelrecht ins Schwitzen gerieten. Dies liegt daran, dass die erwähnten Figuren erlernt wurden, bevor die dazu nötigen Basics vorhanden waren. So kommt man zwar irgendwie durch die Figur, richtig kontrollieren kann man sie jedoch nicht.

Mal abgesehen davon, dass das nicht sonderlich sauber aussieht, birgt es auch ein gewisses Gefahrenpotential, da ein Heli in solch einer Figur recht schnell außer Kontrolle geraten kann und eventuell da landet, wo man ihn gar nicht haben will. Beherrscht man ihn dann nicht in jeder Lage, kann man den Flugfehler nicht aussteuern und der Heli stürzt ab. Im besten Fall liegt Ihr schöner Heli dann im Acker und Sie haben wieder etwas dazugelernt. Im schlimmsten Fall werden andere Personen oder Modelle in Mitleidenschaft gezogen, und dies gilt es natürlich dringendst zu vermeiden.

Falls es Ihnen beim Beobachten spezieller Figuren plötzlich in den Fingern jucken sollte, bleiben Sie ruhig und überlegen Sie zunächst einmal, ob Sie die nötigen Basics dafür beherrschen. Falls ja: Nichts wie ran an den Speck! Falls nein: Figur genau anschauen, nötige Basics analysieren und ab zum Basistraining. Wenn es Ihnen zu langweilig wird, können Sie sich ja damit trösten, dass Ihnen das Erlernen der Figur danach wesentlich einfacher fallen wird und Sie die Figur viel schneller sauber und kontrolliert fliegen werden. Nach dieser kleinen Moralpredigt geht es aber nun ans Training der heißbegehrten Figuren.

Der Rainbow

Wir beginnen mit dem Rainbow. Wie die deutsche Übersetzung »Regenbogen« bereits andeutet, fliegt man bei dieser Figur einen Bogen. Im Prinzip haben Sie diese Figur in ähnlicher Form bereits beim »goldenen M« geflogen. Diesmal besteht das Ziel jedoch darin, einen gleichmäßigen Bogen zu fliegen und den Heli sauber an den Endpunkten der Figur abzustoppen. Fürs Erste wird der Rainbow aus der Normallage geflogen. Stellen Sie hierzu Ihren Heli in ausreichendem Sicherheitsabstand zu Ihrem Standpunkt seitlich versetzt in ca. zehn bis 15 Metern Höhe in die Luft.

" Wie die deutsche Übersetzung »Regenbogen« bereits andeutet, fliegt man bei dieser Figur einen Bogen. Im Prinzip haben Sie diese Figur in ähnlicher Form bereits beim 'goldenen M' geflogen.

Je nachdem, ob Sie lieber Nickflips vorwärts oder rückwärts fliegen, können Sie entscheiden, wie Sie Ihren Rainbow zuerst fliegen möchten. Wenn Sie zunächst rückwärts flippen wollen, muss die Nase des Helis von Ihnen weg zeigen. Der Heli beschreibt bei der Figur idealerweise eine gerade Linie, die parallel zu Ihrem Standpunkt verläuft. Schwebt er nun also am richtigen Punkt, wird die Figur mit einem kräftigen und schnellen Positivpitchinput, der bis kurz vor Ende der Figur beibehalten wird, eingeleitet.

Grundsätzlich gilt: Je mehr Pitch, desto größer wird der Rainbow. Gleichzeitig zum Pitchinput erfolgt ein leichter Nickinput, der ebenfalls bis kurz vor Ende der Figur beibehalten wird. Der Heli beschleunigt durch die Steuereingaben nun nach oben und nach hinten. Den Nickinput sollten Sie dabei so wählen, dass der Heli mit dem Passieren Ihres Standpunkts senkrecht steht und dabei vom Pitchinput quasi durch die Luft gezogen wird. Er bewegt sich weiter und geht langsam in die Rückenlage über. Sobald er sich dem anvisierten Endpunkt (dieser sollte gespiegelt auf der anderen Seite des Pilotenstandpunkts liegen) nähert, sollten Sie sich darauf gefasst machen, den Heli abrupt über Pitch abzubremsen. Der Nickinput muss beendet werden, sobald der Heli den Endpunkt erreicht hat. Gleichzeitig dazu müssen Sie einen kurzen, ruckartigen Negativpitchinput steuern, um den Heli anzuhalten. Im Idealfall steht Ihr Heli dann für eine kurze Zeit im 45-Grad-Winkel in der Luft.

Tipp: Um den Heli schnell abzubremsen, kann es teilweise notwendig sein, den Pitchknüppel in den Anschlag zu bewegen. Dies darf jedoch nur für eine sehr kurze Zeit geschehen. Wenn der Heli abbremst, muss der Negativpitchinput sofort wieder ein wenig reduziert werden. Der Pitchknüppel bewegt sich beim Nick-Rainbow rückwärts, also von Schwebepitch zu maximalem Positivpitch, kurz vorm Abbremsen des Helis schlagartig zu maximalem Ne-

Der Rainbow

gativpitch und dann wieder ein kleines Stück zurück in Richtung negativem Schwebepitch. Da der Heli ja »schräg« in der Luft steht, bleibt Ihnen nur eine kurze Zeitspanne, bevor Sie erneut steuern müssen.

Um den Rainbow abzuschließen, muss der Heli auf der gleichen Flugbahn wieder zum Ausgangspunkt zurück gebracht werden. Dazu erfolgt nun ein maximaler negativer Pitchinput gleichzeitig zu einem leichten, kontinuierlichen Nickinput nach vorne. Je nach dem, ob Sie einen weiteren Rainbow fliegen oder die Figur beenden wollen, müssen Sie den Heli entweder wieder im 45-Grad-Winkel anhalten oder durch das entsprechende Beenden des Nickinputs wieder in den Schwebeflug bringen. Korrekt geflogen, springt der Heli bei mehreren Rainbows sauber zwischen den Endpunkten hin und her.

Die häufigsten Fehler beim Rainbow bestehen in einem zu steilen Abstoppen über Nick oder einem falschen Timing zwischen Pitch und Nick. Je steiler der Heli abgestoppt wird, desto weniger Zeit bleibt Ihnen, um den Heli wieder in die entgegengesetzte Richtung zu bewegen. Außerdem ist es wichtig, beim erneuten Beschleunigen nicht zu früh zu viel Nick zu steuern. Wird der Nickinput zu früh und zu stark eingesteuert, steht der Heli beim Beschleunigen zu steil in der Luft und wird keine Höhe aufbauen, sondern sogar recht schnell an Höhe verlieren. Der Pitchinput muss in jedem Fall größer ausfallen als der Nickinput, um den Heli zunächst einmal wieder ein wenig auf Höhe zu bringen.

Weiterhin sollten Sie auf die Ausrichtung des Hecks und der Rollachse achten. Fliegen Sie beispielsweise einen Rainbow von links nach rechts über Nick nach hinten und das Heck des Helis ist dabei ein wenig nach links aus der gedachten Richtung gedreht (die Rumpfachse des Helis sollte eigentlich deckungsgleich mit der gedachten Fluglinie sein), so wird der Heli während der Figur in Ihre Richtung wandern und befindet sich am Ende der Figur näher bei Ihnen. Gleiches gilt für einen leicht über die Rollachse nach links hängenden Heli. Korrekturen sollten Sie zunächst nur an den Eckpunkten der Figur ausführen.

Wenn Sie sich etwas sicherer fühlen, können Sie auch während des Rainbows aussteuern. Fliegen Sie die ersten Rainbows am besten mit Vollpitch in einem relativ großen Bogen. Das gibt Ihnen Zeit, um sich auf das Abstoppen vorzubereiten und über eventuell notwendige Korrekturen nachzudenken. Mit der Zeit werden Sie lernen, ein wenig mit Pitch und Nick zu spielen und so die Geschwindigkeit und Größe der Rainbows zu beeinflussen.

“ Um den Heli schnell abzubremsen, kann es teilweise notwendig sein, den Pitchknüppel in den Anschlag zu bewegen. Dies darf jedoch nur für eine sehr kurze Zeit geschehen.

Das Rainbow-Viereck

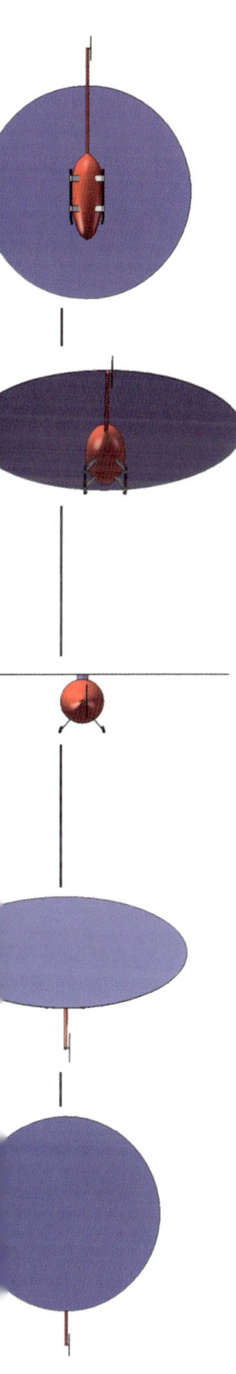

Varianten des Rainbows

Rainbows mit halber Rolle an den Eckpunkten

Ein der einfachsten Varianten besteht darin, den Heli an den Eckpunkten jeweils eine halbe Rolle fliegen zu lassen. Dadurch fliegen Sie die Figur über Nick immer in der gleichen Richtung. Haben Sie beispielsweise mit Nick nach hinten begonnen und den Heli am ersten Eckpunkt aus der Rückenlage wieder in die Normallage gedreht, so fliegen Sie den zweiten Teil der Figur nun auch wieder über Nick nach hinten, anstatt über Nick nach vorne. Mit anderen Worten: Die Steuerrichtungen von Nick und Pitch bleiben bei dieser Variante immer gleich, weil der Heli sich immer aus der Neutrallage in die Rückenlage bewegt.

Roll-Rainbows

Einen Rainbow kann man natürlich nicht nur über Nick vorwärts oder rückwärts, sondern auch über Roll links oder rechts fliegen. Bei dieser Variante steht die Rumpfachse des Helis dann 90 Grad zur gedachten Fluglinie. Die entsprechenden Korrekturen werden dann allerdings über Nick und Heck anstatt über Roll und Heck ausgeführt.

Rainbow-Viereck

Beim Rainbow-Viereck bastelt man sich ein Viereck aus vier hintereinander gereihten Rainbows. Roll- und Nick-Rainbows wechseln sich dabei jeweils ab. Beginnen Sie beispielsweise an der rechten unteren Ecke des Vierecks mit einem Nick-Rainbow nach hinten, so folgen darauf ein Roll-Rainbow nach rechts, wieder ein Nick-Rainbow nach hinten und darauf dann wiederum ein Roll-Rainbow nach rechts. Am Ende der Figur befindet der Heli sich dann wieder in der gleichen Fluglage und auf der gleichen Position wie zu Beginn der Figur.

Tic Tocs

Kommen wir abschließend noch zu den Tic Tocs. Dabei handelt es sich im Prinzip um sehr kurze und enge Rainbows. Die Steuerabfolge ist dementsprechend gleich. Um Tic Tocs zu erlernen, können Sie einfach versuchen, sehr kurze Rainbows zu fliegen und dabei nicht an den Endpunkten zu verweilen. Der Heli wechselt quasi ansatzlos die Richtung, sobald er an einer Ecke abgestoppt hat. Am beeindruckendsten sehen Tic Tocs aus, wenn sie so gesteuert werden, dass die

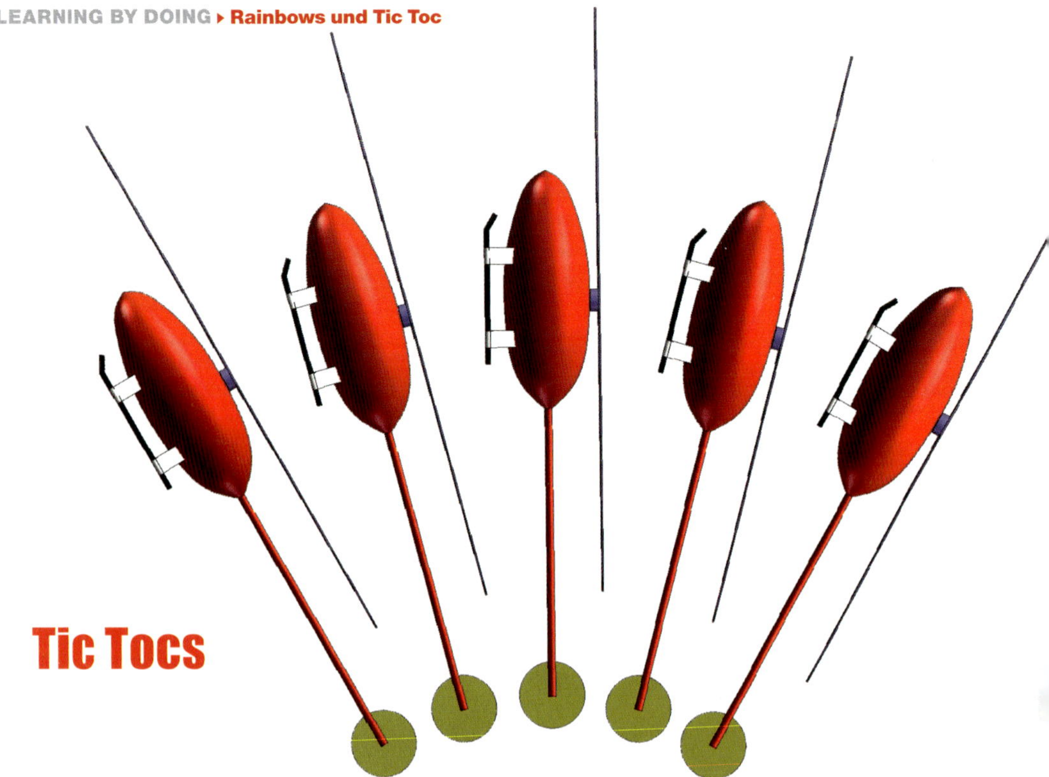

Tic Tocs

Drehachse des Helis sich am Rotorblattende befindet. Bei Nick-Tic Tocs also am Rotorblattende Richtung Heckausleger (es sieht quasi so aus, als ob jemand den Heli am Heckrotor festhalten würde) und bei Roll-Tic Tocs 90 Grad versetzt neben dem Heli am nach unten zeigenden Ende des Rotorkreises.

Diese Variante muss jedoch sehr schnell (also mit schnellen Wechseln der Steuerrichtungen von Nick/Roll und Pitch) geflogen werden und sollte daher erst erprobt werden, wenn Sie sich mit den größeren und langsameren Tic Tocs wohlfühlen. Der häufigste Fehler beim Tic Toc besteht darin, dass zu viel Pitch und zu wenig Nick/Roll gesteuert wird. Anders als beim Rainbow wird der Heli beim Tic Toc über einen kurzen, aber heftigen Pitchinput nur ein wenig »angeschubst« und über Nick/Roll gedreht. Wie viel Pitch man braucht, hängt dabei vom jeweiligen Heli ab und muss individuell erflogen werden.

Generell haben Rainbows und Tic Tocs viel mit Feingefühl und Timing zu tun und brauchen daher entsprechend Zeit beim Üben. Machen Sie sich daher also keinen Kopf, wenn die Figuren mal nicht so gelingen wollen. Gehen Sie einfach zu einer anderen Figur über und vertiefen Sie diese ein bisschen. An einem anderen Tag gelingen die Rainbows und Tic Tocs dafür dann mit Sicherheit. Und ist der Groschen erst einmal gefallen, sprich, die entsprechenden Steuerbewegungen in Fleisch und Blut übergegangen, können Sie die Figuren quasi im Schlaf fliegen und einfach mal schnell in Ihre Kür einbauen.

■

9 | Semmel / Kleeblatt und Todesspirale

Wenn mich nicht alles täuscht und Sie das Timing fürs Tic Toc-Fliegen mittlerweile geknackt haben, dürften Sie nun einen Großteil ihrer Flüge »Tic Tocend« unterwegs sein. Vermutlich in der Vorzugsrichtung mit dem Heck nach unten. Sie sollten jedoch nicht vergessen, dass selbst so eine simple Figur wie der Tic Toc sich in allen erdenklichen Varianten fliegen lässt. Ab und an sollten Sie zumindest die Richtung wechseln (also mal mit der Nase nach unten oder eben seitwärts in beiden Richtungen). Haben Sie das in allen Richtungen perfekt unter Kontrolle, können Sie damit beginnen, den Heli während des Tic Tocs durch die Gegend wandern zu lassen und dadurch neue Figuren zu generieren.

Wie immer kommt es dabei auf das richtige Timing an. Falls Sie sich dann noch ein wenig mehr quälen wollen, können Sie sich mit gespiegelten Tic Tocs befassen. Dabei befindet sich der Heli mit den Kufen zu Ihnen zeigend in der Luft. Aber Achtung: Bei dieser Variante kann es durchaus vorkommen, dass Sie das Gefühl haben, einen Knoten ins Hirn zu bekommen. Obwohl die Figur eigentlich exakt gleich geflogen wird, ist es eine enorme Umstellung, sich an die veränderte Ansicht zu gewöhnen. Selbst gestandene 3D-Piloten kommen bei gespiegelten Figuren ins Schwitzen; machen Sie sich daher also keine Gedanken. Diese Varianten sind aber erst dann zu empfehlen, wenn alle anderen Tic Toc-Figuren leicht von der Hand gehen. In dieser Folge werden wir uns wieder mit etwas einfacheren Figuren beschäftigen, bei denen es weniger auf das Timing, sondern auf eine saubere Ausführung ankommt. Dafür sehen diese Figuren jedoch sehr schön aus und kommen beim Publikum meist hervorragend an.

Semmel / Kleeblatt

Bei dieser Figur fliegt Ihr Heli vier aneinandergereihte Überschläge, die jeweils aus einer Kombination von Roll und Nick bestehen. Pro Überschlag versetzt das Heck dabei um 90 Grad, wodurch der Heli sich nach dem letzten Überschlag wieder in der Ausgangsposition befindet. Mit dieser Figur kann man im Übrigen wunderbar die Einstellung seines Helis überprüfen. Sofern Sie die Drehraten von Roll und Nick nämlich absolut gleich eingestellt haben, können Sie diese Figur mit Vollausschlag fliegen und Ihr Heck wird bei den einzelnen Überschlägen exakt um 90

„Begonnen wird die Figur am besten in ca. zehn Metern Höhe mit ausreichendem Sicherheitsabstand zum Piloten. Das Heck zeigt dabei zum Pilotenstandpunkt.

Grad versetzt. Stimmen die Drehraten nicht exakt überein, wird das Heck nach einem Überschlag entweder mehr oder weniger als 90 Grad versetzt (je nach dem, welche Drehrate höher eingestellt ist).

Begonnen wird die Figur am besten in ca. zehn Metern Höhe mit ausreichendem Sicherheitsabstand zum Piloten. Das Heck zeigt dabei zum Pilotenstandpunkt. Nun erfolgt der erste Flip mit einer Kombination aus Roll und Nick. Die Intensität des kombinierten Inputs richtet sich dabei danach, ob Sie die Figur eher eng oder eher weiträumig fliegen wollen. Mit anderen Worten: Je größer der Input, desto enger die Figur. Wird die Semmel/das Kleeblatt mit Vollausschlag und möglichst schnell geflogen beschreibt der Heli dabei eine Figur auf der Stelle, die für den ungeübten Beobachter kaum nachzuvollziehen ist. Langsam und etwas weiträumiger, geflogen sieht die Figur jedoch auch sehr schön aus.

Kommen wir aber nun zum ersten Überschlag. Zunächst müssen Sie entscheiden, ob Sie die Figur im oder gegen den Uhrzeigersinn fliegen wollen. Ich werde hier die Variante im Uhrzeigersinn beschreiben. Dabei werden die Überschläge immer mit einem Roll-links Input geflogen. Nur die Richtung des Nickinputs wechselt von Überschlag zu Überschlag. Beginnen Sie die Figur aus der Normalfluglage mit einem Überschlag über Roll nach links und Nick nach vorne. Geben Sie dazu einen kurzen positiven Pitchinput und dazu jeweils die gleiche Menge an Roll und Nick. Piloten mit Stickmode 2 haben es dabei etwas leichter, da der Taumelscheibensteuerknüppel hier lediglich sauber in Richtung der linken oberen Ecke bewegt werden muss.

“ Fällt Ihr Heli also drehend vom Himmel, liegt es an Ihnen, wann und in welcher Form Sie die Figur beenden.

Ihr Heli wird nun einen Überschlag durchführen und durch die Kombination von Roll und Nick dabei um 90 Grad mit dem Heck versetzen. Sind Sie mit dem Heck zu sich gerichtet gestartet, so wird das Heck nach dem Überschlag, beziehungsweise mit Erreichen der Rückenfluglage nach links zeigen. Es empfiehlt sich zunächst einmal etwas weiträumigere und langsamere Überschläge zu fliegen, da man so ein besseres Gefühl für die Kombination von Roll und Nick bekommt und auch besser überprüfen kann, ob die Drehraten für Roll und Nick wirklich gleich sind. Steuern Sie dazu einen längeren und etwas größeren positiven Pitchinput und eine entsprechend kleinere Kombination aus Roll und Nick. Für die Mode 2-Flieger bedeutet das, dass der Taumelscheibensteuerknüppel nicht ganz so weit in die linke, obere Ecke bewegt werden muss. Zum Beenden des ersten Überschlags wird der Pitchknüppel in die negative Schwebepitchposition gebracht und der Taumelscheibensteuerknüppel wieder in die Mitte bewegt. Als Mode 2-Flieger müssen Sie also quasi eine lineare Bewegung des Taumelscheibenknüpppels von der Mitte nach links oben und genauso wieder zurück ausführen. Lassen Sie sich genügend Zeit, um sich an die richtige Dosierung von Roll, Nick und Pitch zu gewöhnen. Dadurch generieren Sie einen exakten Versatz des Hecks um 90 Grad, um einen sauberen Überschlag zu fliegen. Erst wenn Sie in der Lage sind den ersten Teil der Figur, also den ersten Überschlag, wirklich sauber zu fliegen, sollten Sie mit den restlichen Teilen weitermachen. Diese werden Ihnen dann nämlich umso leichter fallen.

Nach dem ersten Überschlag mit Heckversatz in die Rückenlage erfolgt nun ein zweiter Überschlag, der den Heli wieder in die Normallage bringt. Der einzige Unterschied besteht darin, dass diesmal ein Nickinput nach hinten gesteuert wird. Mode 2-Flieger müssen den Taumelscheibenknüppel also nun in Richtung der linken unteren Ecke bewegen. Diese Steuerbewegung lässt den Heli nun einen Überschlag ausführen, bei dem das Heck wiederum um 90 Grad versetzt wird, so dass es nun vom Piloten weg zeigt. Schwebt der Heli nun also im Nasenflug vor Ihnen, haben Sie auch schon alle Komponenten dieser Figur zusammen. Was nun folgt, ist eine simple Wiederholung der ersten beiden Teile der Figur. Ihr Heli wird dadurch wieder in der Ausgangslage ankommen und mit dem Heck zu Ihnen gerichtet vor Ihnen schweben. Immer vorausgesetzt natürlich Sie haben sauber gesteuert.

Fliegen Sie die Figur zunächst langsam und weiträumig und tasten Sie sich an die schnellere und engere Ausführung heran. Mit der Zeit werden Sie in der Lage sein, die Figur quasi auf der Stelle zu fliegen. Sollten Ihnen einzelne Teile der Figur Schwierigkeiten machen, üben Sie diese zunächst separat so lange, bis Sie diese problemlos sauber fliegen können. Die Steuerabfolge für »Die Semmel / Das Kleeblatt« lautet demnach wie folgt:

Erster Überschlag

→ Positiv-Pitch-Input, Kombination aus Roll links und Nick nach vorne (für die Mode 2-Flieger: TS-Knüppel in die linke obere Ecke bewegen).

→ Heli durch zurücknehmen der Inputs, beziehungsweise durch negatives Schwebepitch wieder abstoppen und in Rückenlage mit 90 Grad Versatz des Hecks zum Schweben bringen.

Zweiter Überschlag

→ Negativ-Pitch-Input und Kombination aus Roll links und Nick nach hinten (für die Mode 2-Flieger: TS-Knüppel in die linke untere Ecke bewegen).

→ Heli durch Zurücknehmen der Inputs, beziehungsweise durch positives Schwebepitch wieder abstoppen und in Normallage mit 90 Grad Versatz des Hecks zum Schweben bringen.

Dritter Überschlag

→ Positiv-Pitch-Input, Kombination aus Roll links und Nick nach vorne (für die Mode 2-Flieger: TS-Knüppel in die linke obere Ecke bewegen).

→ Heli durch zurücknehmen der Inputs, beziehungsweise durch negatives Schwebepitch wieder abstoppen und in Rückenlage mit 90 Grad Versatz des Hecks zum Schweben bringen.

Vierter Überschlag

→ Negativ-Pitch-Input und Kombination aus Roll links und Nick nach hinten (für die Mode 2-Flieger: TS-Knüppel in die linke untere Ecke bewegen).

→ Heli durch zurücknehmen der Inputs, beziehungsweise durch positives Schwebepitch wieder abstoppen und in Normallage mit 90 Grad Versatz des Hecks zum Schweben bringen.

Todesspirale

Kommen wir abschließend noch zu einer recht simplen, aber dennoch spektakulären Figur: Der Todesspirale. Dabei wird der Heli aus großer Höhe in Seitenlage fallen gelassen und führt dabei Nicküberschläge aus. Je nach Mut und Reaktionszeit des Piloten erfolgt das Ausleiten der Figur entweder in Sicherheitshöhe oder eben in Bodennähe. Aber Achtung: Schon so mancher Kunstflug / 3D-Einsteiger hat die Todesspirale dabei zu Ende geflogen. Also gilt auch hier: Erst einmal vorsichtig herantasten und das Ausleiten der Figur erst mit der Zeit etwas tiefer ansetzen.

Lassen Sie Ihren Heli zunächst so lange aufsteigen, bis Sie die Fluglage grade noch gut erkennen können. Es empfiehlt sich, das Heck dabei in Richtung des Piloten zeigen zu lassen. Haben Sie die gewünschte Höhe erreicht, wird der Heli mit einem Rollinput nach links oder rechts auf die Seite gelegt. Wichtig dabei ist, dass er möglichst genau um 90 Grad gekippt wird, damit der Heli anschließend saubere Überschläge ausführen kann. Quasi gleichzeitig zum Kippen über Roll wird das Pitch auf Neutralpitch reduziert. Der Heli beginnt nun seitlich zu fallen und muss lediglich noch durch einen kontinuierlichen Nickinput nach vorne oder hinten in eine Drehung versetzt werden.

Je nach persönlichem Geschmack können Sie den Heli dabei mit einem kleinen Nickinput langsam drehen lassen oder eben durch Vollausschlag auf Nick mit maximaler Drehrate drehen lassen. Für den Anfang empfiehlt sich jedoch die Variante mit Vollausschlag, da man sich hier weniger auf die saubere Ausführung konzentrieren muss. Fällt Ihr Heli also drehend vom Himmel, liegt es an Ihnen, wann und in welcher Form Sie die Figur beenden. Dazu wird zunächst der Nickinput beendet, danach der Heli mit Roll wieder in die Normallage gebracht und durch einen beherzten positiven Pitchinput abgestoppt. Ganz mutige Piloten können die Figur variieren und den Heli beispielsweise in Rückenlage abfangen. Aber

Todesspirale

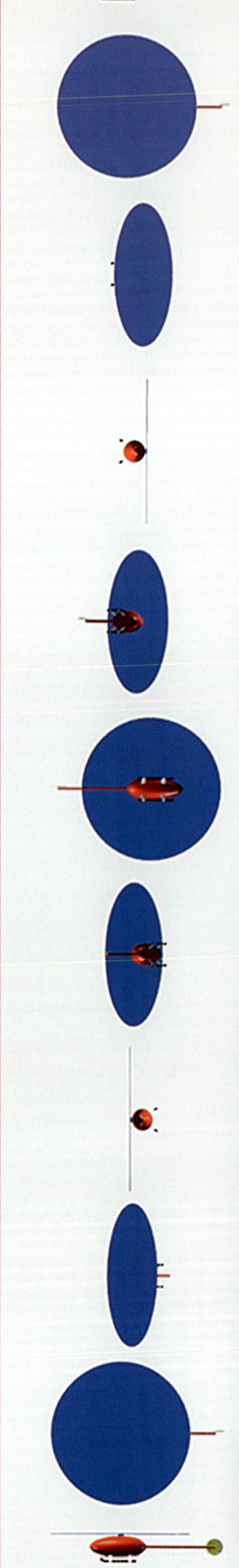

auch hier gilt: Vorsichtig herantasten und zunächst einmal in Sicherheitshöhe ausprobieren, wieviel Pitch es denn braucht, um den Fall des Helis sauber zu stoppen. Die Steuerabfolge für die Todesspirale lautet wie folgt:

→ Heli auf Ausgangshöhe bringen

→ Roll-Input links oder rechts um den Heli 90 Grad auf die Seite zu kippen

→ Gleichzeitig zum Rollinput reduzieren des Pitchs von Schwebepitch nach Neutralpitch

→ Vollausschlag Nick nach vorne oder hinten (beibehalten bis die Figur beendet werden soll)

→ Nick-Input beenden

→ Roll-Input, um den Heli wieder in die Normalfluglage (Variation: Rückenlage) zu bringen

→ Positiver Pitch-Input (Variation: Negativer Pitch-Input in Rückenlage) um den Fall des Helis zu stoppen

Damit können Sie nun wieder zwei Figuren in Ihr Repertoire aufnehmen, welche bei korrekter Ausführung sowohl spektakulär aussehen, als auch Ihre fliegerische Präzision fördern.

■

10 | Rollenkreis und Überschlagslooping

Wie läuft es denn so mit den beiden Figuren, die wir im letzten Kapitel vorgestellt haben? Erfahrungsgemäß haben die meisten Piloten die Todesspirale recht schnell im Griff und trauen sich bereits nach kurzem Training an immer längere und tiefer ausgeleitete Todesspiralen. Anders sieht es hingegen bei der Semmel/dem Kleeblatt aus. Entweder man schafft es recht schnell den Steuerablauf an seine Finger weiterzugeben, und kann mit dem sauberen Trainieren der Figur beginnen, oder aber man übt und übt und kommt sich dabei wie ein Idiot vor, weil man immer wieder in die falsche Richtung steuert. Davon sollte man sich jedoch nicht entmutigen lassen - machen Sie zwischendrin ein paar Pausen und versuchen Sie es wieder. Irgendwann macht es Klick und der Ablauf ist gespeichert.

In dieser Folge werden wir uns mit zwei Figuren beschäftigen, die in der Regel eher selten geflogen werden. Zum Einen liegt das daran, dass eine wirklich saubere Ausführung recht trainingsintensiv sein kann und zum Anderen, dass sie auf den ersten Blick kompliziert und schwer nachvollziehbar aussehen. Es handelt sich um den Rollenkreis und den sogenannten Überschlagslooping. Bei beiden Figuren kommt es vor allem auf das richtige Timing beim Steuern an.

Der Rollenkreis

Beginnen werden wir mit der komplizierteren Figur: dem Rollenkreis. Ihn kann man auf vier verschiedene Arten fliegen. Vorwärts und rückwärts und jeweils nach innen oder außen rollend. Ihr Heli fliegt bei dieser Figur also permanent Rollen und beschreibt dabei einen Kreis. Idealerweise mit der gleichen Ge-

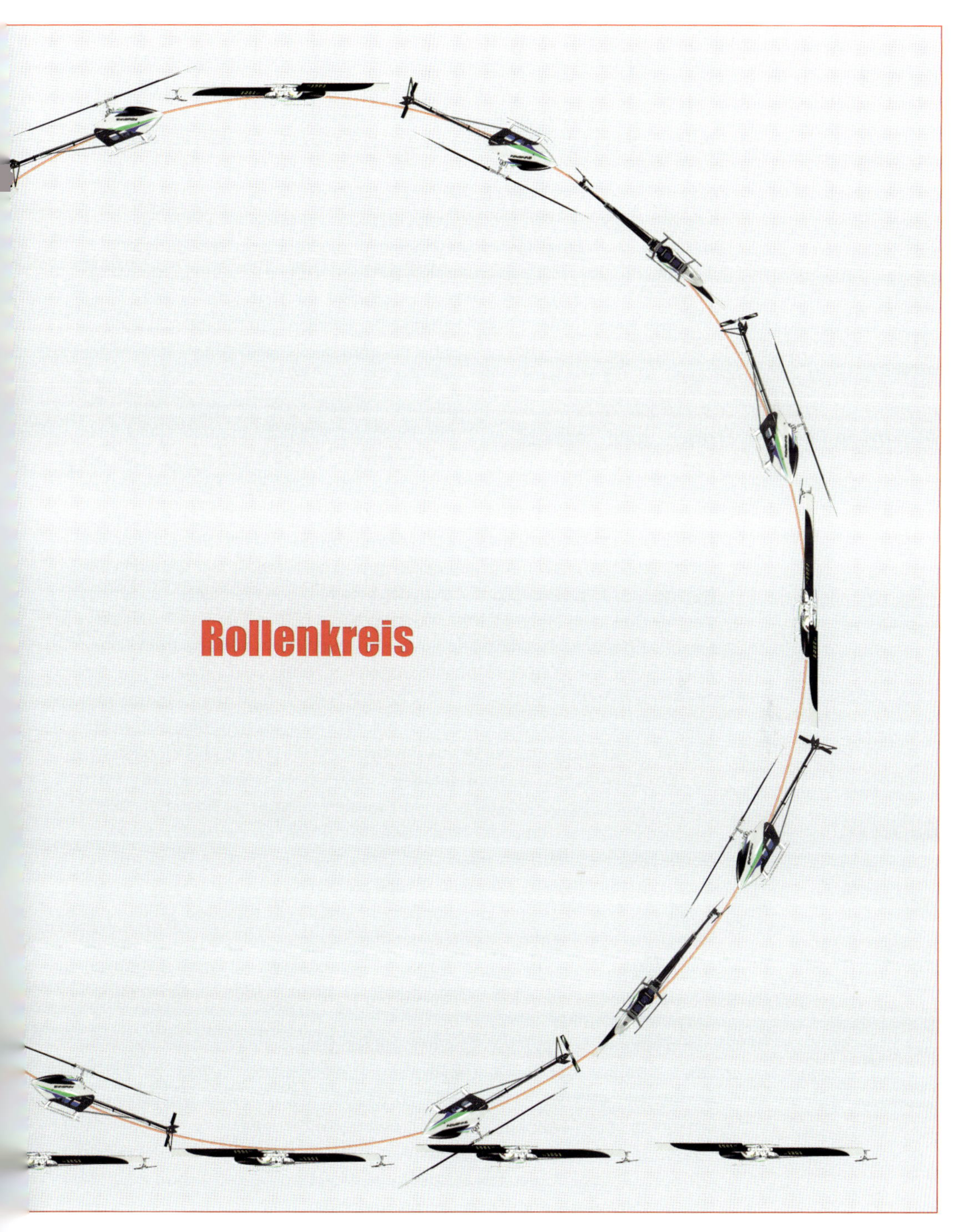
Rollenkreis

schwindigkeit, dem gleichen Kreisdurchmesser und der gleichen Höhe. Zu Beginn des Trainings werden Sie aber vermutlich schon froh sein, wenn Sie überhaupt einen kompletten Kreis schaffen. Wie bei allen anderen Figuren können Sie auch beim Rollenkreis mit einer kleinen Vorübung einsteigen. In der letzten Folge haben Sie gelernt wie die Semmel / das Kleeblatt gesteuert wird. Im Grunde genommen handelt es sich bei dieser Figur um einen Rollenkreis, der auf der Stelle geflogen wird. Sie müssen die Figur also lediglich mit Vorwärtsfahrt und etwas weiträumiger fliegen und schon entsteht daraus eine Art Rollenkreis. Wenn Sie die Figur später einmal perfekt im Griff haben, fliegen Sie sie mit allen Steuerfunktionen. Das bedeutet mit Pitch, Roll, Nick und Heck. Zum Einsteigen und vor allem für die Vorübung genügt es jedoch, die Figur nur über Pitch, Roll und Nick zu steuern. Bei der Semmel / dem Kleeblatt beschreibt Ihr Helikopter jeweils einen halben Überschlag auf der Stelle und versetzt dabei mit dem Heck um 90 Grad. Unser erstes Ziel soll es nun sein, diesen halben Überschlag ein wenig in die Länge zu ziehen. Sie unterteilen den Kreis dabei quasi in vier Teile und können jeden Teil separat üben. Den Anfang können Sie dabei ganz bequem mit dem Heck zu sich gerichtet fliegen. Starten Sie in ausreichender Sicherheitshöhe und lassen Sie Ihren Heli mit mittlerer Geschwindigkeit von sich weg fliegen. Der grundsätzliche Steuerablauf des nun folgenden Manövers entspricht dem der Semmel / des Kleeblatts – allerdings werden Timing und Intensität ein wenig verändert. Gehen wir davon aus, dass Sie einen Rollenkreis mit Rollinput nach links und nach innen gedreht fliegen wollen, so müssen Sie einen halben Überschlag nach links mit einem Versatz des Hecks um 90 Grad durchführen. Ihr Heli fliegt danach im 90 Grad-Winkel nach links von Ihnen weg. Genau wie bei der Semmel / dem Kleeblatt beginnen wir mit einer Kombination aus Positivpitch, Roll links und Nick nach hinten. Der Unterschied besteht allerdings darin, dass wesentlich mehr Pitch und nur wenig Roll und Nick gesteuert werden müssen. Je nach Einstellung Ihres Helis können Sie sogar Maximumpitch geben. Ihr Heli wird dadurch in einem Bogen gleichzeitig nach oben und nach links gezogen und versetzt durch die Kombination aus Roll und Nick um 90 Grad mit dem Heck. Je nach Größe von Roll-/Nickinput wird der Bogen den Sie dabei fliegen, größer oder kleiner. Für einen großen Bogen benötigen Sie einen kräftigen Pitchinput, für einen engen Bogen benötigen Sie einen eher kleinen. Achten Sie vor allem darauf, die Steuerinputs rechtzeitig wieder zu beenden, um sauber in der gewünschten Fluglage anzukommen.

„Der grundsätzliche Steuerablauf des nun folgenden Manövers entspricht dem der Semmel / des Kleeblatts – allerdings werden Timing und Intensität ein wenig verändert.

Im nächsten Schritt folgt dann ein weiterer Bogen mit Heckversatz um 90 Grad, wodurch der Heli mit seitlichem Versatz wieder auf Sie zu fliegen wird. Dabei wird ein negativer Pitchinput in Kombination mit Roll links und Nick nach vorne benötigt. Damit haben Sie die beiden Grundelemente der Vorübung dann auch schon zusammen. Nun müssen Sie die beiden Bögen nur noch einmal in gleicher Reihenfolge wiederholen und schon fliegt Ihr Heli wieder in Ausgangsrichtung von Ihnen weg. Natürlich haben wir damit noch keinen korrekten Rollenkreis geflogen, diese Übung wird Ihnen aber dabei helfen, sich an das richtige Timing und die benötigte Steuerintensität zu gewöhnen.

Um die ganze Sache nun etwas runder, also etwas mehr nach einem richtigem Kreis aussehen zu lassen, sollten Sie im nächsten Schritt versuchen, anstatt vier Bögen mit jeweils 90 Grad-Heckversatz acht Bögen mit jeweils 45 Grad-Heckversatz zu fliegen. Der Heli fliegt dann anstatt der ursprünglichen zwei vollen Rollen vier Rollen bis sich der Kreis wieder schließt. Die entsprechenden Pitch-, Roll- und Nickinputs müssen dabei natürlich wesentlich kürzer und kleiner ausfallen. Beim Trainieren sollten Sie sich auf keinen Fall dazu zwingen, die Figur mit aller Gewalt auf einmal zu durchfliegen. Zerlegen Sie die Figur ruhig in mehrere kleine Teile und üben Sie diese solange, bis sie problemlos sitzen. Danach wird es Ihnen ein Leichtes sein, die Einzelteile zu einem Vollkreis zusammen zu setzen. Da man diese Figur beliebig groß und mit beliebig vielen Rollen fliegen kann, haben Sie genügend Gelegenheit, das entsprechende Timing etc. zu üben. Außerdem kommen dann noch die entsprechenden nach innen/außen gedrehten, beziehungsweise rückwärts geflogenen Varianten dazu.

Im allerletzten Schritt, also quasi der Königsdisziplin in Sachen Rollenkreis, kommt dann noch das Steuern des Hecks hinzu. Hierbei muss, wenn der Heli sich in Normalfluglage oder eben in Rückenfluglage befindet, jeweils ein kurzer Heckinput in Richtung des Kreisinneren gesteuert werden. Bei einem nach innen gedrehten Rollenkreis mit Roll links bedeutet dies, dass in Normallage Heck links und in Rückenlage Heck rechts gesteuert werden muss. Im Idealfall gehen sämtliche Steuerinputs im Laufe der Zeit fließend ineinander über und man erhält einen schönen runden Kreis. Die Fans von sogenannten Retrostangen (Paddelrotorköpfe), dürfen sich bei dieser Figur im Übrigen freuen, denn mit einem Paddelrotorkopf lassen sich Rollenkreise in der Regel etwas einfacher fliegen. Der Heli rollt etwas dynamischer um die Kurven und man muss etwas weniger steuern.

“Sobald Ihr Heli den Pilotenstandpunkt passiert, beginnt die Figur mit einem kräftigen Nickinput nach hinten; gleichzeitig dazu sollten Sie das Pitch leicht erhöhen.

Der Überschlagslooping

Kommen wir nun zur zweiten Figur, dem Überschlagslooping. Wie auch der Rollenkreis kann er in mehreren verschiedenen Varianten geflogen werden. Entweder über Nick und dabei vorwärts oder rückwärts, jeweils nach innen oder nach außen gedreht, oder über Roll und dabei vorwärts oder rückwärts, jeweils nach innen oder außen gedreht. Die Basis zu dieser Figur sollten Sie bereits beherrschen. Beim Üben der Überschläge über Roll und Nick haben Sie gelernt, wie man den Heli während des Überschlags dazu bringt zu steigen oder zu fallen. Genau dieser Steuerablauf kommt nun beim Überschlagslooping zum Tragen. Beginnen Sie den Überschlagslooping am besten über Nick nach hinten.

Fliegen Sie dazu in ausreichendem Abstand und in Sicherheitshöhe von links oder rechts an. Sobald Ihr Heli den Pilotenstandpunkt passiert, beginnt die Figur mit einem kräftigen Nickinput nach hinten; gleichzeitig dazu sollten

Sie das Pitch leicht erhöhen. Lassen Sie den Heli nun durch leichten zeitlichen Versatz der Pitchinputs in einem Bogen nach vorne und nach oben fliegen. Hat der Heli die gewünschte Höhe und Entfernung erreicht und somit das erste Viertel des Kreises abgeschlossen, wird es Zeit, den Rhythmus der Pitchinputs erneut zu verändern, um den Heli nun nach hinten und nach oben fliegen zu lassen. Haben Sie beim Aufsteigen genügend Schwung mitgenommen, genügt es in der Regel am oberen Punkt des Loopings, also genau in der Hälfte das Pitch in Neutralstellung zu bringen. Ihr Heli wird dadurch automatisch an Höhe verlieren und sich dabei gleichzeitig nach hinten bewegen. Sobald er das letzte Viertel des Loopings erreicht, muss er noch einmal durch leicht versetzte Pitchinputs auf Kurs nach unten und nach vorne gebracht werden. Im Idealfall kommt er nun wieder genau da an, wo Sie die Figur begonnen haben. Wie viele Überschläge Sie in einen Looping packen, bleibt dabei Ihnen überlassen. Für den Anfang hat es sich als sinnvoll erwiesen, die Roll- beziehungsweise Nickdrehrate so einzustellen, dass die Rate nicht zu hoch ist und Sie den Heli bei den Überschlägen gut beobachten können, um die richtigen Punkte für die entsprechenden Pitchinputs zu finden. Dies gilt sowohl für den Überschlagslooping als auch für den Rollenkreis. Mit einer langsamer eingestellten Drehrate können Sie die jeweilige Figur mit vollem Nick, beziehungsweise Rollausschlag fliegen und müssen sich schon mal nicht mehr um diese Funktion kümmern.

Kommen wir abschließend noch zur Rollvariante des Überschlagsloopings. Diese läuft analog zur Nickvariante ab. Der Unterschied besteht darin, dass die Überschläge über Roll geflogen werden und Sie dementsprechend seitlich in die Figur einfliegen müssen. Beginnen Sie dazu beispielsweise links von ihrem Standpunkt in Sicherheitshöhe und -entfernung. Das Heck steht dabei zu Ihnen gerichtet. Nun erfolgt ein leichter Rollinput nach rechts um den Heli Seitwärtsfahrt aufnehmen zu lassen. Durch Erhöhen des

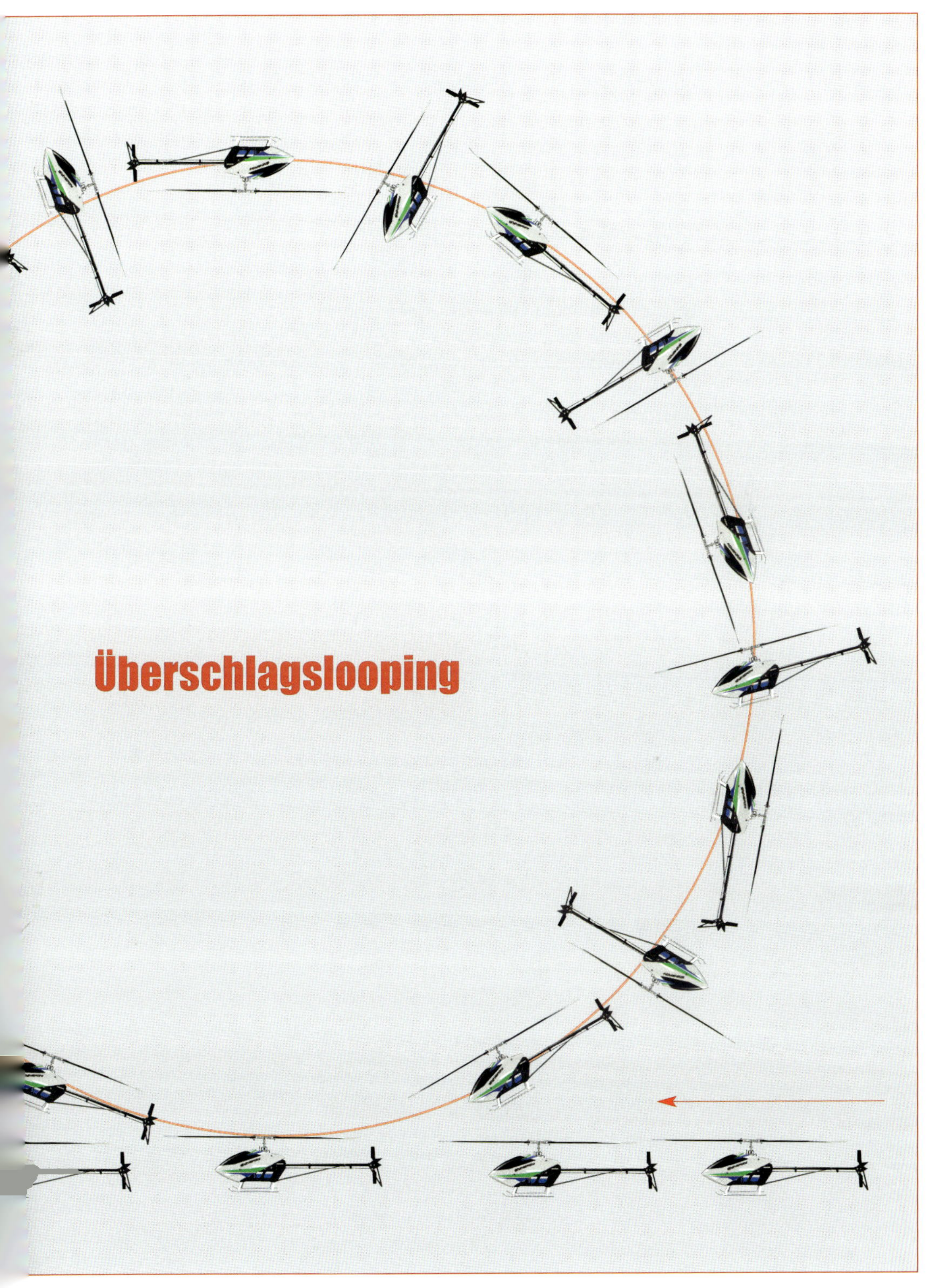

Überschlagslooping

Pitchs wird die Seitwärtsfahrt gegebenenfalls erhöht. Mit Erreichen des Pilotenstandpunkts erfolgt ein kräftiger Rollinput nach links in Kombination mit einer leichten Erhöhung des Pitchs, woraus der erste Rollüberschlag nach links entsteht. Fahren Sie nun analog zum Nicküberschlagslooping mit dem Versetzen der Pitchfunktion fort, um den Heli mit Pitch quasi durch die Figur zu schieben. Haben Sie alles richtig gemacht, wird der Heli rollend wieder am Ausgangspunkt ankommen.

Wenn Sie in der Lage sind, diese beiden Figuren sauber und ohne größere Schweissausbrüche zu fliegen, können Sie sich wirklich auf die Schulter klopfen. Sie haben Ihren Heli jetzt hervorragend im Griff und haben jede Menge Feingefühl für die Steuereingaben während den Figuren entwickelt. Sicherlich ist Ihnen schon aufgefallen, dass die Figurenbeschreibungen und Erklärungen im Laufe der Zeit etwas knapper geworden sind. Dies liegt daran, dass vieles, was Sie zum Fliegen der Figuren brauchen, mittlerweile in ihr Standardrepertoire übergegangen ist, und Sie daher nur noch den grundsätzlichen Ablauf der Figur benötigen, um diese üben zu könne. Der Rest besteht dann nur noch im bekannten »Trial and Error-Verfahren«. ■

“ Haben Sie alles richtig gemacht, wird der Heli rollend wieder am Ausgangspunkt ankommen.

11 | Funnel und Snake

Nun liebe Leser, so langsam, aber sicher nähern wir uns dem Ende dieser Serie. Die Figuren, die Sie fliegen werden immer komplexer und Sie können mittlerweile mit Recht von sich behaupten, ein gestandener Kunstflug- beziehungsweise 3D-Pilot zu sein. Unsere Übungen dienen jedoch nicht nur dazu, ständig neue Figuren zu erlernen, sondern auch zu erkennen, woran Sie noch arbeiten und wie Sie sich neue Figuren selbst erarbeiten können.

In dieser Folge stelle ich Ihnen noch einmal zwei Figuren vor, die sowohl auf das fliegerische Feingefühl, als auch auf die Gehirnakrobatik abzielen. Der Funnel wird auch gerne als Tornado bezeichnet und gehört zu den Figuren, bei denen die Schwerkraft außer Kraft gesetzt zu sein scheint. Der Steuerablauf ist dabei nicht sonderlich kompliziert, da es bei dieser Figur weniger auf den Steuerablauf und mehr auf besonders feinfühlige Korrekturen ankommt. Bei der Snake kommt es dann wieder auf den korrekten Steuerablauf und das richtige Timing an. Korrekt ausgeführt, erlernen Sie zwei neue Figuren, die hervorragend aussehen und Sie fliegerisch wieder ein Stück weiter nach vorne bringen.

Der Funnel/Tornado

Beginnen wir also mit dem Funnel/Tornado. Bei dieser Figur beschreibt Ihr Heli einen steilen Kreis um einen gedachten, zentralen Punkt, wobei er seitlich fliegt und die Nase des Helis entweder steil nach unten oder oben gerichtet ist. Nase oder Heck des Helis zeigen also dementsprechend genau auf den erdachten Punkt. Je nach Größe des geflogenen Funnels sieht die Figur wie der Trichter eines Tornados aus, weshalb sie auch gerne so betitelt wird. Die Standardvariante wird aus der Normalfluglage geflogen und soll uns als Ausgangslage für alle weiteren Versionen der Figur dienen. Das Schwierigste bei dieser Figur ist leider der Einstieg. Generell gilt außerdem: Je schneller der Funnel geflogen wird, desto stabiler liegt Ihr Heli in der Figur. Jede Steuerfunktion hat bei dieser Figur eine bestimmte Auswirkung auf das Aussehen des Funnels. Mit Pitch wird dabei hauptsächlich die Geschwindigkeit gesteuert. Roll ist für den Durchmesser verantwortlich, mit Nick wird die Höhe gehalten oder verringert und Heck sorgt dafür, dass Nase oder Heck immer möglichst genau auf den erdachten Kreismittelpunkt zielen. Da sich die Funktionen während der Figur aber auch noch gegenseitig beeinflussen, ist jede Menge Fingerspitzengefühl nötig, Ihre Maschine sauber durch den Funnel/Tornado zu bringen.

Um in die Figur zu gelangen, gibt es verschiedene Möglichkeiten. Die Einfachste ist mit Sicherheit der Einstieg über eine normale Kurve. Fliegen Sie dazu in ausreichender Sicherheitshöhe- und Abstand von links oder rechts kommend am Pilotenstandpunkt vorbei, und leiten Sie nach pas-

" Um in die Figur zu gelangen, gibt es verschiedene Möglichkeiten. Die Einfachste ist mit Sicherheit der Einstieg über eine normale Kurve.

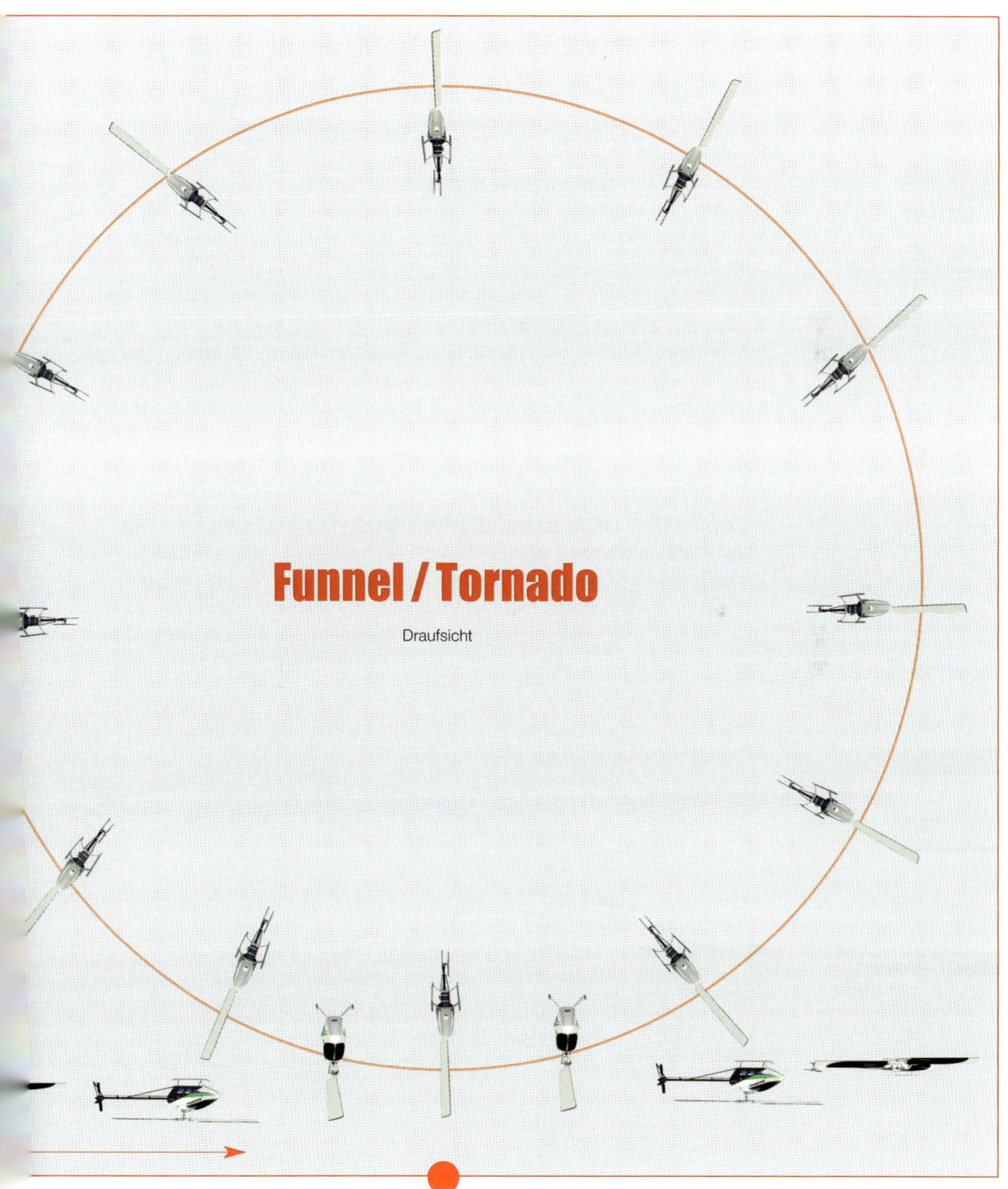

sieren des Standpunktes eine Kurve über Roll und Heck ein. Entscheidend ist dabei ein deutliches Übersteuern mit Heck, so dass die Nase des Helis deutlich nach innen zum Kreismittelpunkt der Kurve/des Funnels zeigt. Bei einer normalen Kurve würden Sie fast gleichzeitig mit dem Einleiten über Roll und Heck auch noch ein wenig Nick ziehen, um zu verhindern, dass der Heli die Nase zu stark nach unten nimmt. Beim Funnel ist dieser Effekt jedoch erwünscht. Sobald Sie bemerken, dass der Heli nach unten in die Kurve abtauchen will, wird es Zeit, ein wenig mehr Roll zu steuern, um auf die gewünschte Funnelflugbahn zu gelangen. Nun kommt es auf Ihr Feingefühl an. Bringen Sie Heck- und Nicksteuerknüppel so in Position, dass Ihr Heli während des Funnels auf der Heck- und Nickachse stabil bleibt. Dazu werden die Knüppel in die entsprechende Position gedrückt und gehalten und zunächst einmal beobachtet, ob der Heli eine saubere Funnelflugbahn fliegt. Zeigt die Nase beispielsweise nicht sauber zum Kreismittelpunkt, müssen Sie entweder mehr oder weniger Heck steuern und halten. Ist der Nickwinkel zu steil und die Nase des Helis zeigt zu weit nach unten, wird der Heli während des Funnels abtauchen und Höhe verlieren. Analog dazu wird er wegsteigen, wenn der Nickwinkel zu flach ist. Steuern und halten Sie nur einen leichten Rollinput, wird Ihr Heli einen sehr weiten Funnel fliegen. Entsprechend schwach fällt bei dieser Variante also auch der Heckinput aus. Erschwerend kommt dabei hinzu, dass ein weiträumig geflogener, schneller Funnel mit steilem Nickwinkel weniger Heckinput erfordert als ein weiträumig, geflogener schneller Funnel mit flachem Nickwinkel. Wie Sie sehen, gibt es bei dieser Figur also einiges zu beachten und es erfordert ein gutes Auge sowie eine Menge Fingerspitzengefühl, um den Funnel wirklich sauber zu fliegen. Lassen Sie sich davon jedoch bitte nicht entmutigen. Auch diese Figur zählt zu denen, bei denen es ganz plötzlich Klick macht und der Knoten im Hirn/den

“Haben Sie erst einmal ein Gefühl für den Funnel entwickelt, können Sie anfangen, die Figur ein wenig zu variieren. Versuchen Sie die Geschwindigkeit über Pitch zu steigern und zu verlangsamen oder den Radius durch größere oder kleinere Roll- und Heckinputs zu verändern.

Fingern platzt. Experimentieren Sie beim Einfliegen in die Figur ruhig ein wenig mit der Anfluggeschwindigkeit und dem Nickwinkel, bis Sie eine für Sie und Ihren Heli optimale Position gefunden haben. Unterschiedliche Helimodelle fliegen den Funnel natürlich auch unterschiedlich gut. Generell fliegen etwas schwerere Helis bei dieser Figur stabiler. Falls Ihnen der Einstieg über eine normale Kurve nicht zusagt, können Sie auch eine andere Variante versuchen. Dabei steht der Heli zunächst mit dem Heck zu Ihnen gerichtet, seitlich versetzt neben dem Pilotenstandpunkt in Sicherheitshöhe und -abstand in der Luft. Steht er beispielsweise links von Ihnen, müssen Sie ihn nun mit einem kräftigen Rollinput nach rechts und einem leichten Erhöhen des Pitchs in einen Seitwärtsflug bringen. Ist der Heli an Ihnen vorbei geflogen, muss ein Nickinput nach vorne erfolgen, um die Nase des Helis abzusenken. Sobald er an Höhe verliert, wird gleichzeitig Roll und Heck nach links eingesteuert und gehalten. Im Idealfall befindet sich der Heli dann auf einer sauberen Funnelflugbahn. Falls nicht, müssen Sie so lange durch Nachlassen oder stärkeres Steuern der einzelnen Funktionen korrigieren, bis die Flugbahn passt.

Haben Sie erst einmal ein Gefühl für den Funnel entwickelt, können Sie anfangen, die Figur ein wenig zu variieren. Versuchen Sie die Geschwindigkeit über Pitch zu steigern und zu verlangsamen oder den Radius durch

größere oder kleinere Roll- und Heckinputs zu verändern. Außer der hier beschriebenen Variante gibt es noch drei weitere: In Normalfluglage mit der Nase nach oben zeigend und in der Rückenfluglage jeweils mit der Nase nach oben oder unten. Die verschiedenen Varianten müssen natürlich dementsprechend anders angeflogen werden.

Snake

Weiter geht es mit der sogenannten Snake. Wie der Name bereits erahnen lässt, beschreibt der Heli dabei eine Schlangenlinie. Die Figur besteht aus vier hintereinander gereihten Halbkreisen. Bei jedem Wechsel des Halbkreises wechselt der Heli seine Fluglage und Flugrichtung. Der Anflug beginnt links oder rechts neben dem Pilotenstandpunkt. Die Snake kann vorwärts oder rückwärts geflogen werden. Ich werde hier nur die Vorwärtsvariante beschreiben, da Sie sich die Rückwärtsvariante problemlos selbst herleiten können. Angenommen, Sie starten die Figur links neben sich mit dem Heck zum Pilotenstandpunkt zeigend, so erfolgt zunächst eine Rechtskurve. Die Schräglage sollte dabei circa 45° betragen und der Radius des Halbkreises sollte so groß gewählt sein, dass der erste Halbkreis auf der Hälfte der Strecke zwischen Startpunkt und Pilotenstandpunkt beendet ist. Kurz vor Ende des Halbkreises wird der Heli dann über Roll weiter in die Rückenfluglage gedreht und danach erfolgt der nächste Halbkreis in entgegengesetzter Richtung mit ca. 45° Schräglage in der Rückenfluglage. Der Radius sollte dabei dem des ersten Halbkreises entsprechen. Entscheidend für ein sauberes und geschmeidiges Aussehen der Figur ist der Übergang zwischen den Halbkreisen. Dazu muss kurz vor Ende des jeweiligen Halbkreises ein ruhiger und möglichst gleichzeitiger Wechsel von Positivpitch nach Negativpitch und von Nick nach hinten zu Nick nach vorne erfolgen. Im Idealfall geschieht dies auch noch, während der Heli über Roll in die 45° Rückenflugschräglage gebracht wird. Der häufigste Fehler bei dieser Figur besteht im Ausbremsen des Helis während des Halbkreiswechsels. Dabei kommt es vor allem auf ein sauberes Steuern des Pitchwechsels an. Zusätzlich kann man ein wenig mit dem Heck nachhelfen, indem man die Nase des Helis immer ganz leicht nach unten geneigt hält. Nach den ersten beiden Halbkreisen wird die Prozedur einfach wiederholt. Ganz Mutige können den letzten Halbkreis zum Vollkreis machen und direkt eine Snake in die entgegengesetzte Richtung anschließen. Sobald das problemlos sitzt, steht die Rückwärtsvariante an. Prinzipiell lässt eine Snake sich zwar recht einfach fliegen, da Sie die geforderten Basics problemlos beherrschen sollten, die ständigen Fluglagenwechsel und die gefühlvoll zu steuernden Übergänge machen die Snake jedoch zu einer anspruchsvollen Figur. Wenn Sie die Figur beherrschen, sollten Sie vor allem in Sachen Pitchmanagement eine deutliche Verbesserung spüren. Wenn Sie es auf die Spitze treiben wollen, versuchen Sie doch einfach mal die Figuren zu kombinieren und eine Funnelsnake zu basteln.

12 | Das Finale (Der Piroflip)

Nun ist es also soweit. Wir haben das Ende unserer Learning by doing-Serie erreicht. Ich hoffe, Sie hatten Spaß beim Mitlesen und konnten den einen oder anderen Trainingserfolg für sich verbuchen. Was mir und allen anderen, die an dieser Serie mitgearbeitet haben, aber vor allem am Herzen liegt, sind nicht nur schnelle Trainingserfolge, respektive schnellstmöglich Show/3D-Piloten aus unseren Lesern zu machen, sondern vielmehr verantwortungsbewusste, sichere Helipiloten, die den Weg vom blutigen Einsteiger zum Profi mit Freude und ohne Frust gehen können.

Bereits im ersten Teil dieser Serie, in dem es um die Technik Ihres Helis ging, sollten Sie von den Erfahrungen (und manchmal auch dem Frust), die wir Autoren über Jahre in diesem schönen Hobby gesammelt haben lernen, davon profitieren und so einen einfacheren Zugang zur Welt der Modellhelifliegerei finden. In keinem anderen mir bekannten Hobby sind Theorie, Technik und Praxis so eng miteinander verknüpft und führen nur bei genauer Kenntnis aller drei Gebiete zu entsprechendem Spass und Erfolgen in diesem Hobby. Im letzten Teil beschäftigen wir uns nun noch mit einer von Piloten und Publikum gleichermaßen heiß geliebten Figur:

Der Piroflip

Der Piroflip vereint alle Steuerfunktionen in sich und sieht, entsprechend geflogen, unglaublich spektakulär aus. Ihr Heli dreht dabei konstant mit dem Heck in eine Richtung und führt gleichzeitig einen Flip durch. Bei dieser Figur kommt wirklich alles, was Sie bisher gelernt haben, zum Tragen. Gefühl, Timing und Fluglageerkennung müssen perfekt zusammenspielen, damit der Piroflip funktioniert. Piloten mit den Stickmodes 2 und 3 haben es bei dieser Figur etwas leichter, da der Steuerablauf an der Taumelscheibe stark vereinfacht einer Kreisbahn ähnelt. Dadurch lässt sich der Piroflip zwar schneller durch simples Einüben des Ablaufs erlernen, dies birgt jedoch gleichzeitig die Gefahr, in stumpfes, automatisiertes Ausführen der Bewegungen zu verfallen, ohne zu wissen, an welchen Stellen man eine entsprechende Korrektur ausführen kann oder muss.

Zum Erlernen der Figur gibt es verschiedene Herangehensweisen. Man kann sich über einen Piroloop an den Piroflip herantasten, oder ihn aus dem Schwebeflug über eine Pirouette auf der Stelle trainieren. Da jeder Pilot unterschiedlich lernt, werde ich hier beide Varianten beschreiben. Beginnen wir mit der Piroloop-Variante.

Beim Piroflip kommt es vor allem auf einen fließenden Übergang der Steuerbewegungen und ein genaues Beobachten der Fluglage an. Mode 2-Flieger werden erfahrungsgemäß zunächst mit einem Flip mit Drehrichtung nach links beginnen. Es ist jedoch wichtig, dass Sie während des Trainings beide Drehrichtungen üben, um keine Vorzugsrichtung zu entwickeln. Bei der Piroloop-Variante können Sie zum Aufwärmen ein paar Rückwärtsloops auf sich zu fliegen. Wie immer ist genügend Sicherheitshöhe dabei Ihr Freund. Weiterhin ist es wichtig, nicht zu langsam in den Rückwärtsloop einzufliegen. Wenn Sie ihn entsprechend groß fliegen, haben Sie mehr Zeit für die einzelnen Steuerbewegungen. Fliegen Sie also in Normalfluglage rückwärts auf sich zu und beginnen, den Heli mit einem Nickinput nach vorne in den Loop zu bewegen. Gleichzeitig erfolgt dazu ein Heckinput nach links, der konstant beibehalten wird. Der Heli steigt nun vor Ihnen nach oben und dreht die Nase nach links. Während bereits der Heli steigt, kann der Nickinput nach vorne langsam wieder zurückgenommen werden. Nun ist ein genaues Beobachten gefragt. Ab dem Moment, in dem Ihr Heli 90° Schräglage erreicht hat (die Nase zeigt nach links und die Kufen/die Unterseite des Helis zeigt zu Ihnen), erfolgt ein kurzer Rollinput nach rechts, der den Heli nun nach oben und nach vorne (Heli bewegt sich vom Standpunkt des Piloten weg) fliegen lässt. Während der Rollinput nach rechts wieder zurückgenommen wird, wird bereits ein Nickinput nach hinten gesteuert. Durch das permanente und konstante Weiterdrehen des Hecks zeigt die Nase des Helis nun nach vorne, während der Nickinput bewirkt hat, dass der Heli die Aufwärtsbewegung beendet und langsam in eine Abwärtsbewegung übergeht. Sie ziehen den Heli also quasi mit einem leichten Nickinput nach hinten über den höchsten Punkt des Loops. Das Pitch kann dabei leicht zurückgenommen werden, um die Abwärtsbewegung nicht zu stark zu beschleunigen. Sobald der Heli sich nach unten und nach vorne bewegt, wird der Nickinput wieder zurückgenommen und Sie können sich darauf vorbereiten, einen kurzen Rollinput nach links zu steuern. Dieser erfolgt, sobald die Nase des Helis nach rechts zeigt und der Heli wieder in 90° Schräglage in der Luft liegt. Diesmal zeigt allerdings die Rotorfläche zu Ihnen. Durch den kurzen Rollinput wird dann die Vorwärtsbewegung in eine Rückwärtsbewegung (auf den Pilotenstandpunkt zu) umgewandelt. Im letzten Schritt wird der Rollinput zurückgenommen und geht in einen Nickinput nach vorne über, der die Abwärtsbewegung des Helis stoppt und den Heli, nun wieder in Normalfluglage, rückwärts auf Sie zufliegen lässt. Kurz vor Erreichen der Normalfluglage kann das Pitch dann wieder ein wenig erhöht werden. Sofern Sie nicht direkt einen weiteren Piroloop anschließen wollen, müssen Sie die Heckdrehung mit Erreichen der Normalfluglage beenden. Der Durchmesser des Piroloops hängt von der Größe Ihrer Steuereingaben ab. Bei einem großen, weiträumigen Loop erfolgen alle Eingaben auf der Taumelscheibe langsamer (sowohl das Einsteuern als auch

“ Beim Piroflip kommt es vor allem auf einen fließenden Übergang der Steuerbewegungen und ein genaues Beobachten der Fluglage an. Mode 2-Flieger werden erfahrungsgemäß zunächst mit einem Flip mit Drehrichtung nach links beginnen.

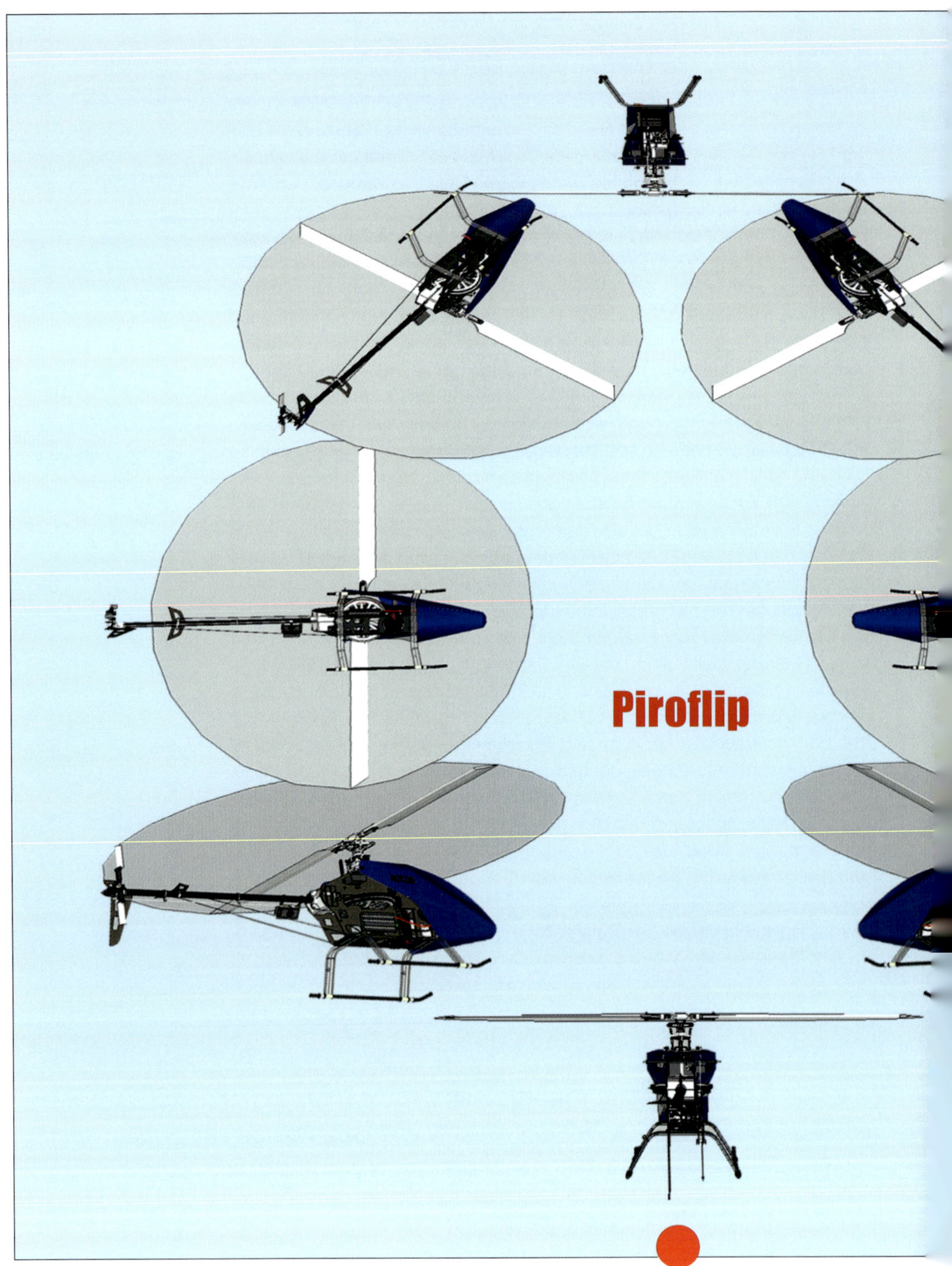
Piroflip

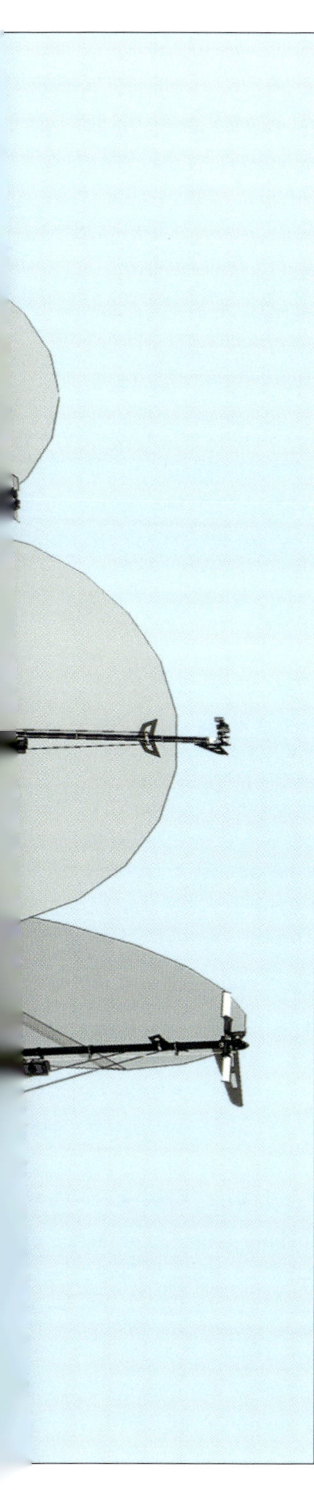

das Nachlassen der Inputs). Je enger Sie den Loop fliegen wollen, desto schneller und kürzer erfolgen auch die Steuereingaben. Auf diese Weise können Sie auch aus einem Piroloop einen Piroflip machen. Fliegen Sie mit immer weniger Fahrt an und steigern Sie die Intensität der Steuereingaben so lange, bis ihr Heli den Flip irgendwann auf der Stelle vollführt. Wichtig ist dabei vor allem das genaue Beobachten des Helis während der Figur. Merken Sie sich einfach, an welcher Stelle die Nase oder das Heck bei den einzelnen Steuereingaben stehen müssen.

Weiterhin gilt noch zu beachten, dass mit abnehmender Fahrt auch wieder mehr mit Pitch gearbeitet werden muss. Beim Durchfliegen der Rückenfluglage muss der Heli beispielsweise stärker mit Negativpitch gestützt werden. Vermutlich wird es Ihnen zu Beginn schwer fallen, die Heckdrehrate konstant zu halten, während Sie mit dem Pitch arbeiten. Hierzu können Sie einfach Pirouetten in Normalfluglage oder in Rückenfluglage üben und den Heli währenddessen auf- und absteigen lassen.

Eine andere Methode, den Piroflip zu erlernen, beginnt im Schwebeflug. Schweben Sie dazu in ausreichender Sicherheitshöhe und Entfernung mit dem Heck zu sich gerichtet. Lassen Sie Ihren Heli nun durch einen konstanten Heckinput nach links linksherum pirouettieren. Die Geschwindigkeit der Pirouette sollte auch hierbei nicht zu groß gewählt sein, damit Sie mehr Zeit für die Taumelscheibeninputs haben. Lassen Sie den Heli nun durch Erhöhen des Pitchs aufsteigen und beobachten die Nase des Helis genau. Kurz bevor der Heli wieder in der Ausgangslage ankommt, wird ein kurzer Nickinput nach vorne gesteuert und wieder zurückgenommen. Sobald die Nase des Helis nach links zeigt, erfolgt ein kurzer Rollinput nach rechts, der dann in einen kurzen Nickinput nach hinten übergeht. Im Idealfall sollte der Heli sich nun in der Rückenfluglage befinden und muss mit Negativpitch gestützt werden. Es kann allerdings auch nicht schaden, ein wenig mehr Negativpitch zu geben, um noch ein wenig Höhe zu gewinnen. Normalerweise würde nun direkt ein weiterer Flip folgen, um wieder in die Ausgangslage zu gelangen. Beim Training kann es jedoch hilfreich sein, zunächst nur den ersten Teil, also den Flip, in die Rückenlage zu trainieren. Sobald Sie in der Lage sind, Ihren Heli sauber auf den Rücken zu flippen und das Heck nach dem halben Piroflip auch wieder sauber in der Ausgangslage steht, können Sie mit dem zweiten Teil weitermachen. Der zweite Teil erfolgt dann analog zum Ersten. Lassen Sie Ihren Heli pirouettieren und erhöhen Sie das Negativpitch. Wundern Sie sich bitte nicht, dass Ihr Heli beim Pirouettieren auf einmal anders herum dreht. Das bringt der Wechsel in die Rückenfluglage einfach mit sich. Beobachten Sie den pirouettierenden Heli nun wieder genau und passen Sie den entsprechenden Moment für den Beginn des Flips ab. Dieser ist kurz bevor das Heck wieder genau in Ausgangstellung ist gekommen. Steuern Sie nun einen kurzen Nickinput nach hinten, den Sie in einen Rollinput nach links übergehen lassen, sobald die Nase des Helis nach rechts zeigt. Gleichzeitig dazu wird der Pitchknüppel wieder langsam in Richtung Positivpitch bewegt. Um die Figur abzuschließen, erfolgt noch der Übergang von Roll links zu Nick nach vorne. Ein häufiger Fehler bei dieser Variante besteht in zu starken Pitchinputs, die den Heli dann unkontrolliert durch die Gegend wandern lassen und meistens auch noch eine Veränderung der Heckdrehrate mit sich ziehen. Sie werden im Endeffekt erstaunt sein, wie klein die benötigten Pitcheingaben bei einem sauberen Piroflip wirklich sind. Auch beim Piroflip gilt: Langsam und sauber geflogen werden Sie Ihr Ziel viel schneller erreichen. Beherrschen Sie einen einfachen Piroflip, können Sie sich daran machen, die Heckdrehrate zu steigern und beispielsweise zwei komplette Pirouetten während des Flips fliegen. Dabei müssen Sie beispielsweise mit dem Taumelscheibenknüppel zwei Kreisbewegungen mit kleinerem Radius ausführen, um den Heli durch den Flip zu steuern. Wie viele der Figuren, die in dieser Serie beschrieben wurden, so gehört auch der Piroflip zu denen, bei denen es plötzlich Klick macht wird und der Steuerablauf Ihnen in Fleisch und Blut übergeht. Lassen Sie sich beim Training also bitte nicht entmutigen. Haben Sie erst einmal die Pirofiguren geknackt, steht Ihnen die Welt der 3D-Fliegerei völlig offen. In diesem Sinne wünsche ich Ihnen viel Spass beim Training des Piroflips.

“Eine andere Methode, den Piroflip zu erlernen, beginnt im Schwebeflug. Schweben Sie dazu in ausreichender Sicherheitshöhe und Entfernung mit dem Heck zu sich gerichtet.

Tipps & Tricks

Abschließend möchte ich Ihnen noch ein paar generelle Tipps zum Training geben. Das Kunstflugtraining verlangt sowohl Heli als auch Pilot einiges ab. Machen Sie daher bitte ganz gezielt Pausen, um unnötige Abstürze durch Konzentrationsstörungen oder Materialermüdung (ich spreche da aus Erfahrung) zu vermeiden. Ein guter Pilot weiß immer genau über seine und die Grenzen seiner Maschine Bescheid. Dazu gehört auch eine ständige Wartung des Materials. Bei härterer Gangart empfiehlt sich, spätestens alle 25 Flüge eine gründliche Wartung des Helis. Ebenso sollte JEDER Heli zu Beginn eines Flugtags zunächst einmal vorsichtig abgehoben und in allen Drehzahlbereichen auf alle Funktionen und ein einwandfreies Laufgeräusch hin überprüft werden. Kommt Ihnen beim Üben irgendetwas an Ihrem Heli komisch vor (Geräusch, Flugverhalten etc.) so gilt immer: Sofort landen und notfalls autorotieren. Kommt es doch einmal zu einem Crash, reparieren Sie ihren Heli bitte gewissenhaft. Tauschen Sie JEDES Teil, bei dem Sie sich nicht sicher sind, ob es etwas abbekommen hat aus. Überprüfen Sie alle Lager und Wellen. Selbst ein kleines Lager oder eine kurze Welle können Vibrationen hervorrufen, die im Endeffekt das Stabisystem oder den Kreisel Ihres Heli stören und im schlimmsten Fall zu einem Absturz führen können. Nach einer Reparatur empfiehlt es sich, den Heli zunächst einmal vorsichtig einzufliegen und bei den ersten Flügen nicht gleich aufs Ganze zu gehen. Eine Sichtkontrolle nach jedem Flug ist Pflicht. Wenn Sie sich an diese simplen Regeln halten, sollten Sie viel Spass beim Erlernen der neuen Figuren haben und jederzeit sicher mit Ihrem Heli unterwegs sein. Ich hoffe, das Lesen dieser Serie hat Ihnen viel Spass bereitet und Ihnen auf dem Weg zu einem sicheren Helipiloten weiterhelfen können. Vielleicht begegnen wir uns ja sogar mal auf dem einen oder anderen Event. Immer eine Hand breit Luft unterm Rotor wünscht Ihnen Ihr Tobias Wilhelm.

CHRONOS 700 | Compass Model

»Um ehrlich zu sein, ich bin begeistert! Die perfekt passenden und vormontierten Teile reduzieren den Aufbau auf wenige Stunden. Egal ob fortgeschrittener Anfänger oder 3D-Profi: Durch das große Drehzahlspektrum lässt sich der CHRONOS sowohl sanft als auch agil bewegen. Einzig das Gewicht könnte für den einen oder anderen zum Problem werden; dies jedoch aus versicherungstechnischen Gründen. Denn der CHRONOS fliegt sich für mich als alter Logo 600SE-Pilot mit derselben Leichtigkeit und Eleganz – und das mit knapp 1,4 kg mehr auf den Rippen. Mit dem CHRONOS ist Compass ein toller Heli gelungen, der auf ganzer Linie überzeugen kann.«

Nicolas Hoffmann

Technische Daten

Länge	1.334 mm
Breite	213 mm
Höhe	410 mm
Hauptrotordurchmesser	1.570 mm
Übersetzung Motor/Hauptrotor	9,77:1
Übersetzung Hauptrotor/Heckrotor	1:4,8
Abfluggewicht	5.650 g
Hersteller	Compass Model www.compassmodel.com

SOXOS 700 | Heli Professional

»Als Modellbauer kann man die SOXOS-Familie guten Gewissens als einen typischen Vertreter der schweizer Fertigungskunst bezeichnen. Die Detaillösungen sind wohlüberlegt und die Kombination Funktionalität / Material ist perfekt umgesetzt. Weniger Bauteile und ein noch größerer Aufbaukomfort als er am Soxos zu finden ist, durfte nur äußerst schwierig umzusetzten sein. Die solide und dennoch filigrane Konstruktion sieht mit den aufwendig gestalteten Teilen nicht nur gut aus (wie z. B. dem einteiligen oberen Chassisteil), sondern lässt auch fliegerisch hinsichtlich Wartungsfreiheit und Stabilitat keine Wunsche offen.«

Ron Sebastian

Technische Daten

Länge	1.060 mm
Breite	155 mm
Höhe	370 mm
Hauptrotordurchmesser	1.620 mm
Heckrotordurchmesser	283 mm
Übersetzung Motor/Hauptrotor	9,43:1
Übersetzung Hauptrotor/Heckrotor	1:4,8
Abfluggewicht	5.130 g
Hersteller	Heli-Professional AG www.heli-professional.com

Diabolo 550 | minicopter

»Der Diabolo 550 passt dank seiner kompakten Bauform und Größe in jedes Auto (oder gegebenenfalls sogar Rucksack). Das breite Drehzahl- sowie Geschwindigkeitsspektrum ist verblüffend. Mit den von minicopter empfohlenen Komponenten ist mehr als genügend Leistung verfügbar, und dank des Hochvolt-Setups der Servos ist auch die Stellzeit und Kraft kein Thema – die Grenzen liegen also ganz beim Piloten. Mit dem Diabolo 550 ist Gerd Guzicki ein toller Heli gelungen, der, wie ich es finde, in jeden qualitätsbewussten Helihaushalt gehört.«

Nicolas Hoffmann

Technische Daten

Länge	1.060 mm
Breite	180 mm
Höhe	320 mm
Hauptrotordurchmesser	1.250 mm
Heckrotordurchmesser	240 mm
Übersetzung	
Hauptrotor/Heckrotor	1:9,88 (20er)
Abfluggewicht	3.100 g
Hersteller	minicopter
	www.minicopter.de

Agile 7.2 | KDS Model

»Der Agile 7.2 von KDS ist in unseren Breiten zu Unrecht unbekannt – international ist dieser Heli wesentlich stärker vertreten und auch auf Wettbewerben immer wieder vorne mit dabei. Alle Teile sind hochwertig gefertigt, die Mechanik ist durchdacht und bietet genügend Platz für die Elektronik. Der komplette Aufbau ist extrem verwindungssteif. Das Laufgeräusch ist aufgrund des zweistufigen Getriebes mit Riemen und Schrägverzahnung sehr angenehm und ruhig. Ich finde, dass der Agile 7.2 ein rundum gelungener Heli ist, der auch in der Luft aufgrund seines Designs eine Augenweide ist.«

Michael Peer

Technische Daten

Länge	1.370 mm
Breite	150 mm
Höhe	415 mm
Hauptrotordurchmesser	1.560 mm
Hauptrotorblätter	KDS 690
Heckrotorblätter	KDS 112
Übersetzung	17T (10,48:1) 18T (9,9:1) 19T (9,37:1)
Heckübersetzung	1:4,75
Gewicht (ohne Akku)	ca. 4.000 g
Abfluggewicht	5.437 g
Hersteller	KDS
	www.agile-helicopter.com

Rush 750 | Evolution Helicopters

»Ein Fazit soll die Kernessenz kurz und prägnant zusammenfassen. Im vorliegenden Fall ist eigentlich nur eine Aussage möglich: Mit dem Rush erkauft man sich zu einem realistischen Preis eine riesige Portion Freude und eine hervorragende Performance. Die erwähnten Kleinigkeiten sind wirklich nur als solche anzusehen. Und bezüglich des relativ hohen Gewichts kann ich sagen: Man hat das Gefühl, dass jedes Gramm auch wirklich sinnvoll investiert wurde.«

Ron Sebastian

Technische Daten

Länge	1.380 mm
Breite	155 mm
Höhe	417 mm
Hauptrotordurchmesser	1.574 mm
Heckrotordurchmesser	282 mm
Übersetzung Motor/Hauptrotor	9,33:1
Übersetzung Hauptrotor/Heckrotor	1:4,33
Abfluggewicht	5.172 g
Hersteller	Evolution Helicopters www.evohelicopters.com

Forza 700 | JR Propo

»Schlussendlich betrachtet, gehört der Forza 700 sicherlich zu den fortschrittlichsten Modellen mit den höchsten Entwicklungsstandards dieser Klasse. Der Bausatz überrascht mit zahlreichen Detaillösungen, und die Qualität der CNC-Teile ist tadellos. Gemessen an der hohen Qualität und dem angemessenen Preis ist der Forza 700 eine echte Alternative für Liebhaber hochwertiger Modellhelikopter. Weitere Erfahrungsberichte unserer Teampiloten sowie Bilder und Videos finden Interessierte auf unserer Teamseite www.teamheligarage.at.«

Michael Peer

Technische Daten

Länge	1.332 mm
Breite	130 mm
Höhe	210 mm
Hauptrotordurchmesser	1.560 mm
Heckrotordurchmesser	290 mm
Übersetzung Motor/Hauptrotor	9/3/10,2:1
Übersetzung Hauptrotor/Heckrotor	1:7,72
Abfluggewicht	5.092 g
Hersteller	JR PROPO www.jrpropo.co.jp

Vorstellung in ROTOR 9/2014

Mostro 700 | Avant RC

»Der Heli macht mir unheimlich viel Freude. Jede 3D-Figur, die mit meinen anderen Helis schwieriger zu fliegen ist, geht mir mit diesem Heli fast mühelos und präzise von der Hand. Die elegante Erscheinung in Kombination mit der präzisen Mechanik gefällt mir ausgezeichnet. Akkupacks mit 4.000 mAh wurden ebenfalls bereits getestet. Auch hier sind aufgrund des energiesparenden PYROs noch Flugzeiten von fünf Minuten möglich, ohne den Spaß einzuschränken. Dass die Ersatzteilversorgung derzeit nur über den Direktimport aus den USA möglich ist, stellt für mich keinen wesentlichen Nachteil dar: Der Flugspaß ist unübertroffen gut. Ich bin der festen Überzeugung, dass der Mostro auch in Europa schnell eine große Käuferschicht anspricht und somit das Vertriebsnetz und die Ersatzteilversorgung ausgebaut wird. «

Kay Köhler

Technische Daten

Länge	1.440 mm
Breite	145 mm
Höhe	300 mm
Hauptrotordurchmesser	1.600 mm
Heckrotordurchmesser	300 mm
Übersetzung Motor/Hauptrotor	10,4:1
Übersetzung Hauptrotor/Heckrotor	1:4,855
Abfluggewicht	5.300 g
Hersteller	Avant RC www.avantrc.com

Vorstellung in ROTOR 8/2014

Goblin 380 | SAB Heli Devision

»Ohne Zweifel, ich hab mich mit dem Goblin-Virus infiziert. Der Goblin 380 ist eine richtige Spaßmaschine mit viel Leistung. Das Flugverhalten wirkt »erwachsen« wie bei einem größeren Heli. Allerdings ist nicht nur das Flugverhalten vergleichbar, auch der Preis des Gesamtpakets in dieser Ausstattung spielt fast in dieser Liga. Alternativen, den Goblin preisgünstiger aufzubauen sind vorhanden. Jedoch überzeugt das gewählte, kompromisslose Setup mit hochwertigen Komponenten auf ganzer Linie und trägt das Prädikat »uneingeschränkt empfehlenswert«. Und die geringe Anzahl an Teilen des Goblin 380 vereinfacht die Wartung, wenn aus Spaß Übermut wurde.«

Kay Köhler

Technische Daten

Länge	784 mm
Breite	130 mm
Höhe	224 mm
Hauptrotordurchmesser	856 mm
Heckrotordurchmesser	196 mm
Übersetzung	
Motor/Hauptrotor	5,7:1
Abfluggewicht	1.500 g
Hersteller	SAB Heli Devision
	www.sab-heli-division.de

SRIMOK 90
THE NEXT LEVEL

13 | Glossar

Begriffe und Fachausdrücke

→ **3D-Flug**
Flugstil mit Kunstflugfiguren, bei denen das Modell um alle Achsen und in alle Richtungen bewegt und geflogen wird.

→ **Außenläufer**
Elektromotor, bei dem die Magnete in einer äußeren Glocke befestigt sind, die sich um die im Inneren des Motors angeordneten Spulen dreht und die Motorwelle mitnimmt.

→ **Autorotation**
Ermöglicht einem Hubschrauber, ohne angetriebenen Hauptrotor zu landen. Die Drehzahl der Rotorblätter wird dabei nur durch die durchströmende Luft aufrecht erhalten.

→ **Axiallager** → Drucklager

→ **Balancer**
Gleicht beim Ladevorgang von LiPo-Akkus die Spannungen der Einzelzellen an.

→ **BEC** (Battery Eliminator Circuit)
Spannungsregler zur Empfängerstromversorgung aus dem Antriebsakku.

→ **Brushless-Motor**
Im Gegensatz zum Bürstenmotor wird dieser Elektromotor nicht über mechanische Kontakte, sondern über einen Steller, der eine Dreiphasen-Wechselfeld erzeugt, angesteuert. Er kann nicht direkt an Gleichspannung betrieben werden.

→ **CfK**
Verbundwerkstoff aus Kohlenstoff-(Carbon-)Fasern und einem Kunststoff (im Modellbau zumeist Epoxid-Harz), der eine hohe Festigkeit bei niedrigem Gewicht hat.

→ **CNC-Maschine**
Werkzeugmaschinen, die durch den Einsatz moderner Steuerungstechnik in der Lage sind, Werkstücke mit hoher Präzision auch für komplexe Formen automatisch herzustellen.

→ **Cyclic Ring, Taumelscheibenring**
Sorgt dafür, dass der maximale Kippwinkel der Taumelscheibe in alle Richtungen, auch bei gleichzeitigem Roll- und Nick-Ausschlag, identisch ist und verhindert so das Überschreiten des mechanisch möglichen Wegs.

→ **C-Rate**
Gibt, multipliziert mit der Akkukapazität, den Strom an, den ein Akku abgeben kann.

→ **Dämpfung**
Ein drehendes System wie der Rotorkopf eines Modellhubschraubers neigt grundsätzlich zu Schwingungen. Daher wird die Blattlagerwelle nicht starr im Rotorkopf gelagert, sondern über Elastomere gedämpft und kann so diese Schwingungen vermindern.

→ **Delta-3**
Lagerücksteuerung, die die Blattauslenkung bei Schlagbewegungen durch den Kippwinkel der Blattebene zurück- (positives Delta-3) oder vorsteuert (negatives Delta-3).

→ **Drucklager**
Nimmt Zugkräfte in Richtung der Welle auf und entlastet so die Kugellager von Haupt- und Heckrotor.

→ **Dual-Rate**
Umschaltung der maximalen Steuerausschläge für verschiedene Flugzustände.

→ **ECU** (Electronic Control Unit)
Überwacht und steuert die Abläufe in einer Turbine.

→ **Einmischung**, (Bell-Hiller-)Mischungsverhältnis
Gibt an, wie stark die Paddelebene beim Kippen der Blattebene mitgenommen wird. Bei kleineren Werten wird das Modell agiler, bei größeren ruhiger und stabiler.

→ **Equalizer** → Balancer

→ **Exponential**
Anpassung des Steuerknüppel-Ansprechverhaltens an persönliche Bedürfnisse ohne Beeinflussung des Gesamtausschlags.

→ **Flybarless**
Bezeichnet das Weglassen der Paddelstange an Rotorköpfen. Deren Stabilisierungsfunktion wird im Zuge dessen meist durch eine Elektronik mit zwei Gyros für Quer- und Längsachse ersetzt.

→ **F3C**
Internationale Wettbewerbsklasse für den klassischen Kunstflug nach einem fest vorgegebenen Programm.

→ **F3N**
Internationale Wettbewerbsklasse für den 3D-Kunstflug.

→ **Gaskurve**
Zuordnung von Gasservo-Stellung (bzw. Ansteuerung eines Stellers bei Elektroantrieben) zur kollektiven Blattverstellung. Führt im Idealfall zu einer möglichst konstanten Rotordrehzahl.

→ **Gaslimiter**
Sicherheitsfunktion vieler moderner Fernsteuerungen, die den Weg des Gasservos über einen Proportionalgeber so begrenzt, dass Einstellungen bei laufendem Motor ohne das Risiko, dass der Rotor anläuft, möglich sind.

→ **GfK**
Verbundwerkstoff aus Glasfasern und einem Kunststoff (im Modellbau zumeist Epoxid-Harz).

→ **Gyro**
Stabilisiert eine Achse des Modells. Beim Hubschrauber wird üblicherweise zumindest die Hochachse (Heckrotor-Funktion) mit einem Gyro-System ausgestattet.

→ **Heading-Lock, AVCS**
Die meisten Gyro-Systeme bieten diesen Modus an, bei dem der Pilot am Sender lediglich noch die Drehgeschwindigkeit um die Hochachse (Heckrotor-Funktion) steuert. Der tatsächliche Servo-Ausschlag wird dann unabhängig von äußeren Einflüssen durch die Elektronik gesteuert.

→ **Innenwiderstand**
Gibt darüber Auskunft, wie stark die Spannung eines Akkus unter Last einbricht.

→ **LiPo**(Lithium-Polymer)-Akku
Akku-Technologie mit hoher Energiedichte und geringer Selbstentladung.

→ **MFS** (Moving Flybar System)
Rotorkopfsystem, bei dem sich die Paddelstangeneinheit mit der Taumelscheibe auf und ab bewegt. Damit entfällt der sonst übliche Scheren-Pitchkompensator.

→ **Pitch**
Anstellwinkel der Rotorblätter. Kollektiv: Alle Blätter werden gleichzeitig im gleichen Winkel verstellt. Daraus resultiert das Steigen und Sinken des Hubschraubers. Zyklisch: Die Anstellwinkeländerung beim Umlauf des Rotors. Wird zur Steuerung von Roll und Nick (zyklische Steuerung) benötigt.

→ **Pitchkurve**
Gibt die Verteilung des Pitchwegs auf den Steuerknüppelweg vor.

→ **Pitchkompensator**
Entfernt den kollektiven Steueranteil aus der Ansteuerung der Paddelstange.

→ **Propeller-Moment-Gewicht**
Am Blatthalter angebrachte Gewichte, die die Massenkräfte am drehenden (Heck-)Rotor so verändern, dass die benötigten Verstellkräfte reduziert werden.

→ **Push-Pull-Anlenkung**
Die Verbindung zwischen Servo und angesteuertem Hebel erfolgt mit zwei parallel verlaufenden Gestängen, von denen eines auf Zug und eines auf Druck belastet wird.

→ **Regler-Modus / Steller-Modus**
Einstellungen bei Drehzahlreglern für bürstenlose Elektroantriebe. Im Stellermodus ändert sich die Drehzahl proportional zur Vorgabe von der Fernsteuerung, wird aber bei Belastung nicht nachgeregelt. Im Reglermodus wird die vorgegebene Drehzahl auch unter Last konstant gehalten, solange dies die Abstimmung des Antriebs ermöglicht.

→ **Scale**
Vorbildgetreue Nachbauten manntragender Hubschrauber.

→ **Schlagdämpfung** → Dämpfung

→ **Servo**
Setzt die Steuereingaben an der Fernsteuerung in eine Drehbewegung zur Ansteuerung einer Funktion um.

→ **Spezifische Drehzahl**
Gibt die Drehzahl eines Elektromotors bei einer Eingangsspannung von einem Volt an. Wichtiger Parameter bei der Berechnung der Untersetzung.

→ **Steller-Modus / Regler-Modus**
→ Regler-Modus / Steller-Modus

→ **Taumelscheibe**
Überträgt die Steuerbewegungen von den im Modell befestigten Ansteuerungen auf den sich drehenden Rotor.

→ **Virtuelle Taumelscheibendrehung**
Elektronische Anpassung der Taumelscheiben-Ansteuerung, so dass zyklische Steuereingaben sich nur auf die gewünschte Achse auswirken. Wird zumeist bei Mehrblatt-Rotorköpfen eingesetzt.